堤坝蚁穴与盐土防蚁屏障盐运移特征研究

李颖 著

中国水利水电出版社
www.waterpub.com.cn
·北京·

内 容 提 要

本书汇集了堤坝蚁穴与盐土防蚁屏障水盐运移特征研究的主要成果，介绍了白蚁对土壤环境 pH 因子的选择性、白蚁通道大孔隙流室内土柱试验与模拟方法、堤坝蚁穴系统的水力特点及稳定性、堤坝盐土防蚁屏障盐分淡化机理和堤坝盐土防蚁屏障工程应用。作者结合多年的研究和实践经验，解释了盐土防蚁屏障的工程背景和关键技术，有利于该项技术的推广应用。

本书适用于水利水电设计人员、水库堤坝建设管理人员和水利水电类院校师生使用。

图书在版编目（CIP）数据

堤坝蚁穴与盐土防蚁屏障水盐运移特征研究 / 李颖
著 . -- 北京：中国水利水电出版社，2023.12
ISBN 978-7-5226-1996-5

Ⅰ. ①堤… Ⅱ. ①李… Ⅲ. ①堤坝－白蚁防治－研究
Ⅳ. ①TV698.2

中国国家版本馆CIP数据核字(2024)第001066号

书　名	堤坝蚁穴与盐土防蚁屏障水盐运移特征研究 DIBA YIXUE YU YANTU FANGYI PINGZHANG SHUI YAN YUNYI TEZHENG YANJIU
作　者	李 颖 著
出版发行	中国水利水电出版社 （北京市海淀区玉渊潭南路 1 号 D 座　100038） 网址：www.waterpub.com.cn E-mail：sales@mwr.gov.cn 电话：(010) 68545888（营销中心）
经　售	北京科水图书销售有限公司 电话：(010) 68545874、63202643 全国各地新华书店和相关出版物销售网点
排　版	中国水利水电出版社微机排版中心
印　刷	天津嘉恒印务有限公司
规　格	170mm×240mm　16 开本　9.5 印张　186 千字
版　次	2023 年 12 月第 1 版　2023 年 12 月第 1 次印刷
定　价	**50.00 元**

前　言

　　土栖白蚁在我国广泛分布于黄河以南各地，其不仅是农林作物和木材建筑的大害虫，而且常在江河水库的堤坝中隐筑大而多的巢穴，穿凿长而弯曲的蚁道，串通堤身内外，是堤防安全的重大隐患。

　　盐土防蚁屏障作为堤坝土栖白蚁防治的新技术，经过 20 年的推广实践，已在浙江省内得到广泛应用，并取得了一定的经济效益和社会效益。但该技术的防效性还有待从机理上进行研究，以解决制约该技术进一步推广的瓶颈。盐土防蚁屏障技术其防效性的核心问题是掺盐土体的有效防治时间，由黏性土体中盐分的淡化速度来决定，与初始掺盐量、当地的气候条件、土体的质地和理化性质、地下水位及浸润线的位置有关。因此，准确认知堤坝蚁穴与盐土防蚁屏障中水盐运移规律，对堤坝工程除险加固及白蚁防治具有重要的理论意义和现实指导意义。

　　本书采用资料分析、现场观测、室内试验和数值模拟相结合的方法，结合国内外学者在白蚁巢穴土壤 pH 值特性方面的研究成果和钱塘江海塘典型区段白蚁调查的结果，探索白蚁对土壤环境 pH 因子的选择性；考察堤坝浸润线的位置、蚁穴通道的空间分布情况及组成部分的相互连接关系，提出了堤坝土栖白蚁直通式、虹吸式和串联式蚁巢概化模型。基于非饱和渗流数值模型，分析了堤坝蚁穴系统的水力特征；采用描述非饱和带多孔介质中水分运移的 Richards 方程和溶质运移的 CDE 对流-弥散方程，基于 HYDRUS 模型，利用空间矩分析方法，研究堤坝盐土防蚁屏障水盐运移规律，揭示其盐分淡化机理；结合具体工程实践，以浙江省龙游县两座不同类型的水库大坝除险加固防蚁工程为例，采用数值模拟的方法，评价现有套井回填堤坝盐土防蚁屏障技术的防效性，并提出了切合实际的改进措施，为盐土防治白蚁新技术应用与推广提供了必要的参考依据。

本书的工作得到浙江省基础公益研究计划项目（批准号：LGF19E090010）和"南浔学者"项目（资助号：RC2022010398）的资助，特此致谢。

由于作者水平有限，书中疏漏之处在所难免，恳请读者批评指正。

作者

2023 年 9 月

目录

前言

第1章 绪论 ··· 1

1.1 引言 ··· 1

1.2 堤坝蚁穴系统 ··· 4

1.3 盐土防蚁屏障 ··· 6

1.4 土壤大孔隙流 ··· 10

1.5 土壤大孔隙优先流水盐运移研究 ·· 15

1.6 主要工作内容 ··· 22

第2章 白蚁对土壤环境 pH 因子的选择性分析 ························· 24

2.1 白蚁巢穴土壤 pH 值特性 ··· 24

2.2 钱塘江海塘典型区段白蚁调查 ··· 31

2.3 现场采样土壤的 pH 值观测结果 ·· 33

2.4 本章小结 ··· 34

第3章 白蚁通道大孔隙流室内土柱试验与模拟 ······················· 35

3.1 堤坝蚁穴的大孔隙构造单元 ·· 35

3.2 室内试验装置及步骤 ·· 36

3.3 土柱试验水盐运移数值模型 ·· 39

3.4 结果与讨论 ·· 43

3.5 本章小结 ··· 49

第4章 堤坝蚁穴系统的水力特点及稳定性研究 ······················· 51

4.1 堤坝蚁穴系统的三维结构特征与分类 ···································· 51

4.2 堤坝蚁穴系统的非饱和渗流数值模型 ···································· 55

4.3 堤坝蚁穴系统渗流特性分析 ·· 60

4.4 蚁穴系统对堤坝稳定性影响评价 ·· 66

4.5 本章小结 ·· 75

第 5 章 堤坝盐土防蚁屏障盐分淡化机理研究 ············· 77

5.1 堤坝盐土防蚁屏障构造 ·································· 77

5.2 堤坝盐土防蚁屏障水盐运移数学模型 ············ 79

5.3 盐分淡化的空间矩分析方法 ·························· 82

5.4 堤坝盐土防蚁屏障水盐运移特性分析 ············ 83

5.5 蚁道对盐土防蚁屏障水盐运移的影响 ············ 99

5.6 本章小结 ··· 111

第 6 章 堤坝盐土防蚁屏障工程应用研究 ··················· 112

6.1 堤坝盐土防蚁屏障应用技术 ·························· 112

6.2 盐土防蚁屏障技术在均质坝中的应用 ············ 115

6.3 盐土防蚁屏障技术在心墙坝中的应用 ············ 121

6.4 本章小结 ··· 126

第 7 章 结论与展望 ··· 127

7.1 结论 ·· 127

7.2 展望 ·· 129

参考文献 ·· 131

第 1 章

绪　论

1.1　引言

　　白蚁是地球上最为古老的社会性昆虫之一[1]，至今已经有 2.5 亿年的历史。目前，全世界白蚁种类有 3000 种以上[2]，已定名的白蚁类别超过 2800 种[3]。在热带和亚热带地区，白蚁作为单一的生物种群占动物总量的 10%，占土壤昆虫总量的 95% 以上[4]。白蚁是无脊椎动物中最主要的分解者之一[5]，它能通过营造具有不同物理和化学特性的巢穴结构（主巢、蚁道、泥被等）而对生态环境产生影响。如图 1.1 所示，白蚁对土壤物理和化学特性的影响可以分为四个不同的尺度[6]：在地貌景观尺度上，白蚁是生境异质性的驱动力；在土层剖面尺度上，白蚁充当生物扰动器；在土壤团聚体尺度上，白蚁是聚合重组者；在黏土矿物尺度上，白蚁可以作为分解者。

　　作为生态环境中重要的纤维素分解者，白蚁在促进生态环境中的营养转化、物质循环和维护生态系统平衡上发挥了积极作用，成为物种多样性和食物链的重要环节。尽管在已知的 3000 多种白蚁中，只有 2.6% 被认为是危害严重的害虫[7]，但白蚁的危害是显而易见的，如农田作物、林木果园、房屋建筑、水库堤坝等均遭其害，给人类经济建设和日常生活均造成极大的损失。国际昆虫生理生态研究中心把白蚁列为五大害虫研究对象之一。据统计，全球范围内白蚁危害每年造成的直接经济损失超过 400 亿美元[8]，在我国每年白蚁造成的直接经济损失达 100 亿元人民币以上，其中 80% 的经济损失是由土栖白蚁造成的。在已知的 79 种白蚁害虫中，土栖白蚁占 66 种[7]。如图 1.2 所示[9]，土栖白蚁以土营巢，其主巢筑于土壤之中，但其蚁道范围可分布很广，蚁巢群体中的白蚁可以到远离主巢上百米的地方觅食。白蚁巢穴系统的尺度较其个体尺度要大三个数量级以上[10]。白蚁活动形成了相当规模的大孔隙通道，显著地提高了土壤的渗透性能，对降雨入渗和溶质的运移造成重要的影响[11]。

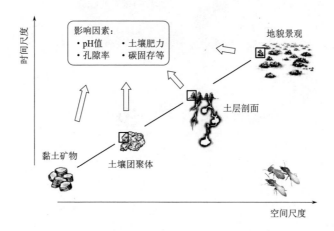

图 1.1　白蚁对不同时空尺度生态环境的影响

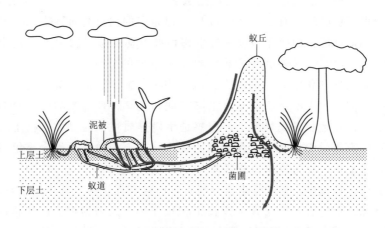

图 1.2　典型的土栖白蚁巢穴系统[9]

土栖白蚁在我国广泛分布于黄河以南各地，其不仅是农林作物和木材建筑的大害虫，而且常在江河水库的堤坝中隐筑大而多的巢穴，穿凿长而弯曲的蚁道，串通堤身内外，是堤防安全的重大隐患[12]。以黑翅土白蚁 *Odontotermes formosanus* (Shiraki) 为例，它在土质堤坝内，筑成巨大的主巢，直径有时可达 1～3m，由主巢向各个方向延伸的主蚁道有 3～8 条，最大长度可超过 100m，最大主蚁道底径可达 8～10cm[13]。我国记载白蚁对堤坝的危害始于白圭治水，距今已有 2300 余年的历史[14]。中华人民共和国成立后，2000 余座溃决的水库大坝中存在不同程度的白蚁危害；白蚁导致的河道堤防塌陷时有发生。白蚁是导致美国新奥尔良的堤坝在卡特里娜飓风突袭中溃决的主要因素之一[15]，灾后调查表明，伦敦大道运河的防洪堤 70% 的裂缝存在白蚁巢穴。近年来，由于气候和白蚁繁殖周期规律的影响，白蚁对堤坝的危害呈上升趋势。根据 2011 年水利部组织的全国堤坝白蚁危害状况普查的结果，不论是水库大坝还是河道堤防，白蚁的危害率都较高，往年防治处置的堤坝仍存在白蚁复发的情况。

目前，控制土栖白蚁的方法主要有屏障技术和种群控制方法[16]。屏障技术用于阻止白蚁进入取食和产卵场所，已有的方法包括利用药剂建立化学屏障或使用沙子、岩石颗粒、玻璃碎片、火山碎屑、金属网或护板等作为物理屏障[17]。种群控制方法主要是诱杀法，利用高效诱饵剂与药物配成诱杀剂，使用少量活性成分来大面积消除白蚁入侵[18]。引诱方法主要采用食饵引诱法和信息素引诱法；工程上用于土栖白蚁控制的诱饵产品一般有两种[19]，即地上型饵站 (aboveground，AG) 和地下型饵站 (in-ground，IG)。常规白蚁化学杀虫剂的广泛使用导致白蚁的抗药性增加，对生态环境和人类健康的危害也愈发突出。2001 年 5 月 23 日，我国正式签署了《关于持久性有机污染物的斯德哥尔摩公约》，为了保护人类健康和环境，采取包括旨在减少或消除持久性有机污染物排放和释放措施在内的国际行动，其中受控的 12 种有机氯名单中有灭蚁灵和氯丹，必须停止生产和使用。取代灭蚁灵等药物的筛选研究已成为国内外很多研究机构白蚁防治的首选项目。可持续发展的概念，为白蚁防治工作提出了新思路[20]。

主要成分为 NaCl 的食盐对白蚁具有较强的致死性[21]，因此传统上已用于白蚁防治[22]。通过对钱塘江河口堤坝白蚁危害的普查和研究，发现土壤中含有盐分的堤坝不受白蚁的入侵[23]。将食盐作为化学药剂的替代品，用于白蚁防治，可以在一定程度上减少或取代白蚁杀虫剂的使用。食盐理化性质稳定，在使用过程中不会蒸发、降解或产生气味。它不仅可以节省成本，而且还可以降低使用化学药剂防治白蚁的环境风险。盐土防蚁屏障 (NaCl-laden soil barriers，NLSB) 作为堤坝土栖白蚁防治的创新技术，经过近 20 年的推广实践，已在浙江省内得到广泛应用，取得了一定的经济效益和社会效益。该技术施工便捷，白蚁防治期可达到 20 年以上[24]。但该技术的防效性还有待从机理上进行研究，以解决制约该技术进一步推广的瓶颈[25]。目前，盐土防蚁屏障技术其防效性的核心问题是掺盐土体的有效防治时间，一般由土体中盐分的淡化速度来决定。

盐分随着土体孔隙水的运动而迁移，其防效性与盐土防蚁屏障的初始掺盐量、当地的气候条件、土体的质地和理化性质、地下水位及浸润线的位置有关。

因此，根据堤坝蚁穴和盐土防蚁屏障的物理和化学性质，考虑白蚁防治的工程特性，采用现场观测、室内试验和数值模拟相结合的方法，对堤坝蚁穴多孔隙结构和防渗黏土中掺入食盐后的水盐运移机理进行研究，论证盐土防蚁屏障堤坝白蚁防治新技术的防效性，对堤坝工程的除险加固及白蚁防治具有一定的科学意义和工程实用价值。

1.2 堤坝蚁穴系统

1.2.1 堤坝蚁穴系统的结构

白蚁危害江河堤防的严重性，在我国古代文献上就已有较为详细的记载。韩非子在其著作《喻老》中就提到"千丈之堤，以蝼蚁之穴溃；百尺之室，以突隙之炽焚"。文中的蝼蚁指的就是白蚁，由此可见远在战国时期的古人也早已经深刻地认识到白蚁对堤坝的影响。白蚁之所以会危害堤坝工程，包括河道堤防、水库土质堤坝、山区灌溉渠堤等，是因为它在堤坝内筑成巨大的巢穴。堤坝蚁穴是土栖白蚁在堤坝内蚀土而造的地下群居空间。完整的蚁穴包括主巢（王室）、菌圃（副巢）、蚁道、蚁路、泥被、泥线、候飞室和分飞孔等空洞通道部分[26]。蚁穴从初建到成熟，有一个发展壮大的过程，须经过几次转移，巢位也逐渐随着转移，由浅入深。如图1.3所示，黑翅土白蚁蚁穴的结构是分散型的，除蚁后、蚁王居住的主巢外，还有一些较小的菌圃，这些菌圃分散在主巢的四周；主巢和菌圃之间，有拱廊形的蚁道相通；从蚁穴到地面也筑有蚁道，通出地面后再建造泥被或泥线，供取食活动；成熟的蚁穴还在地表下建造候飞室和分飞孔，供有翅成虫离巢飞出[14]；蚁穴系统的发育过程是一个由小到大、由简单到复杂的变化过程[27]，蚁穴由初建经盛期，到衰亡，其大小、结构也发生较大的变化。

主巢是蚁穴系统中危害性最大的部位，常位于靠近背水坡一侧约1/3堤顶宽度处的下方，深度约为堤身高度的1/3[27]。蚁穴主巢的结构会随着主巢的转移和发展而发生变化。在主巢内，泥骨的发展与菌圃的变化形成鲜明的对比；在萎缩多腔巢中，泥骨十分发达，厚度达2～3cm。菌圃是黑翅土白蚁巢的主体，各个菌圃经历着建造和衰亡的过程，菌圃的主体处于不断演变的新陈代谢之中。菌圃的发展和变化导致整个巢区结构形式的改变和入土深度的增大。由于堤坝是斜坡式的地形，巢区的位移既可表现为垂直向下移，又可表现为坡面水平向内移。随着巢区的发展，蚁道的总数会增多，同时蚁道的口径会增大[13]。

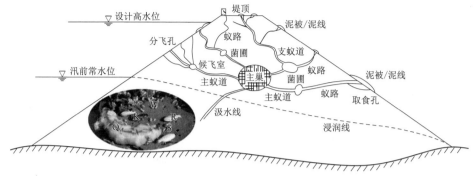

图 1.3　典型的堤坝蚁穴结构

Q—蚁后；K—蚁王；W—工蚁；S—兵蚁；R—生殖蚁

1.2.2　堤坝蚁穴系统的稳定性

　　土质堤坝遭受白蚁入侵后形成的多孔蚁穴系统，破坏了堤坝的整体性和连续性[27]。特别是连通堤坝内外坡的蚁道，遇上汛期，堤坝内水位上涨时，堤坝的蚁穴隐患会增大崩堤垮坝的风险。汛期蚁穴导致的堤坝塌陷过程如图 1.4 所示[28]。

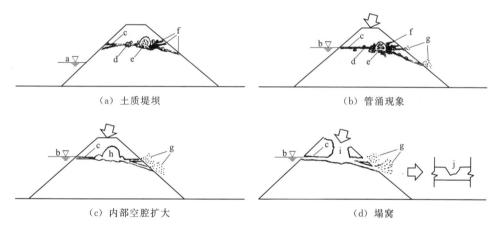

(a) 土质堤坝　　　　　　　　　　　　　　(b) 管涌现象

(c) 内部空腔扩大　　　　　　　　　　　　(d) 塌窝

图 1.4　汛期蚁穴导致的堤坝塌陷过程[28]

a—常水位；b—高水位；c—主蚁道；d—菌圃；e—主巢；f—主蚁道出口；g—管涌口；

h—主巢空腔；i—主巢塌窝；j—堤坝缺口

　　对于蚁道贯穿内外坡的土质堤坝 [图 1.4 (a)]，当汛期水位高涨时，水流便进入隐藏在堤坝内的蚁道和巢穴中，经主巢底部从背水坡较大的蚁道口流出，形成管涌现象 [图 1.4 (b)]；当堤坝内的水位持续升高，孔隙水压力增大，管涌加剧，随着内部泥土的流出，蚁穴结构被逐渐冲蚀，内部空腔扩大 [图 1.4 (c)]；若堤坝内的水位还继续升高，蚁巢内的空腔受水流冲刷不断扩大，当扩

5

大到一定程度时，因泥土重力作用或空腔内的压力冲击，坝顶突然形成塌窝[图 1.4 (d)]，导致堤坝决口。

李栋等[29]结合堤坝内黑翅土白蚁的巢穴结构现场解剖结果，分析了蚁巢导致崩堤垮坝的机理。高加成等[30]将蚁穴系统简化成具有两个弯折头的自由出流短管，采用水力-岩土计算模型，根据短管中最高点与洪水位涨落的位置关系，分别按泄水管道和虹吸管道计算了堤坝蚁穴系统的稳定性。范连志等[31]通过堤坝白蚁巢群系统模型和闸泵区的蚁巢群系统及隐患模型研究，指出闸泵区白蚁隐患具有近涵闸、多点渗漏、远距离渗漏、渠道渗漏的特性，并对模型的合理性进行了验证。Bayoumi 和 Meguid[32]对动物巢穴对土质堤坝安全的影响进行了综述，总结了土质堤坝中动物入侵坝体和营造洞穴的共同特征。Saghaee 等[33]采用土质堤坝模型进行试验，研究了洞穴对土质堤坝结构完整性和力学性能的影响；进而采用离心模拟和数值计算[34]，分析了不同形式洞穴结构堤防的稳定性。Dassanayake 和 Mousa[35]提出了一种评估土质堤坝任意区段中存在洞穴导致失稳风险的概率计算方法。

1.3 盐土防蚁屏障

1.3.1 金属盐在白蚁防治中的应用

金属盐具有防腐蚀、抗降解和低成本等优点，在白蚁防治中得到一定应用。早期化学杀虫剂中使用的无机金属盐主要包括亚砷酸钠、巴黎绿、铬化砷酸铜、氰化钙、磷化铝等，该类无机盐会对生态环境和人类健康产生严重影响[36]，已经逐渐被淘汰。硼酸盐对白蚁具有毒性，能扩散到木材内部且具有杀菌防虫等功能，在木材的防蚁处理中应用较多。美国农业部的试验数据表明[37]，在野外 24 个月的试验中，用 0.9%～2.3%浓度的硼酸铜（7.2%工业氢氧化铜加 92.8%的十水四硼酸钠配制）处理南方松，白蚁导致的平均损失为 4.0%～9.0%（对照组平均损失＞90.0%），花旗松平均损失为 17.0%～26.0%（对照组平均损失为 71.0%）。Usta 等[38]发现用 1.0%～2.5%的硼砂、1.5%～2.5%的硼酸或四水过硼酸钠处理中密度纤维板，台湾乳白蚁接触 3 周后，死亡率均为 100%（对照组为 18.8%）。Lopez-Naranjo 等[39]发现 3.0%的硼酸锌和硼砂均能完全防止白蚁取食木塑复合材料，而且对环境没有不利影响。汪亦中等[40]采用选择性取食方法，在室内测定 4%的硼酸、硼砂、硼酸钠和偏硼酸钠饵剂致死台湾乳白蚁工蚁的效果，白蚁全部死亡所需要的时间分别为 20d、23d、23d 和 24d。硼酸盐毒杀白蚁的机理在于其有效成分能杀死白蚁肠内的原生物，使其分泌纤维素酶协助白蚁消化木质纤维素的能力消失而导致白蚁因饥饿而死亡。

其他金属盐对白蚁也有一定毒性。Brill 等[41] 发现浓度为 1.0g/L 的钨酸钠和钼酸钠 48d 后能分别能杀死 99.0％和 81.0％的白蚁。Chen 和 Rowell[42] 发现用浓度为 6.8％的高碘酸钠处理火炬松边材能有效阻止黄胸散白蚁入侵，3 周后白蚁死亡率为 100％，而高碘酸仅需 1.4％的浓度即能达到此效果。Kose 等[43] 发现 0.1％～1.0％硫酸铜处理过的樟子松，3 周后台湾乳白蚁的死亡率为85.0％～100％（对照组为 8.0％），木材损失率为 2.0％～6.8％（对照组为29.3％）。Clausen 等[44] 发现与可溶性氧化锌相比，经纳米氧化锌颗粒处理的木材白蚁死亡率更高，这可能是由于化学结构变化引起的生物活性差异，用纳米氧化锌处理的木材损失率小于 4％，白蚁死亡率大于 94％。Pan 等[45] 发现用0.1％氟化钠处理的马尾松可抑制黄胸散白蚁的进食，氟化钠作为木材防腐剂，暴露在自然条件下不容易浸出，可以有效地保护木材免受白蚁的侵蚀。Bayat-kashkoli 等[46] 用碱性铜季铵盐和硼氟铬砷盐处理的刨花板，在野外 18 个月田间试验条件下，白蚁蛀食木材损失率分别为 13％和 5.5％。何利文等[47] 通过药膜法检测不同氯化铜与苛虫威配比对乳白蚁的毒性，试验表明氯化铜与苛虫威的比值为 40:1 和 80:1 时对乳白蚁的增效作用明显。一般来说，金属盐用于白蚁防治时，使用的浓度相对较大，对生态环境的影响不容忽视。

1.3.2 食盐在白蚁防治中的应用

食盐用于白蚁防治已有悠久的历史。据我国古文献记载，明清时期已流行用绿矾、青矾、硼酸、硼砂、食盐等溶液浸渍和涂刷木材，用于防蚁和防腐[48]。在非洲，也有将食盐和牛油果渣的混合物应用于白蚁防治的记载[22]。在长期进化过程中，白蚁形成了独特的木质纤维素降解机制，即源于白蚁自身及其共生微生物的两套纤维素酶系统。食盐防蚁的机理一方面在于无论是钠离子还是氯离子，都可能部分或完全抑制白蚁体内某些关键酶的活性，从而导致白蚁的死亡；另一方面食盐具有吸湿性，当与一个充满水分的物体接触时，由于渗透压的作用它会吸收水分；如果白蚁有足够多的水分被吸取，将会脱水而死亡。

Alkali 和 Muktar[49] 将草木灰、食盐、罗望子叶提取物单独或联合应用于阿拉伯胶树的白蚁防治，研究表明这些方法在灭蚁效果、节省成本、降低使用化学杀虫剂的环境风险等方面都具有一定的优势。Fagbohunka 等[50] 研究了NaCl 及其他一些氯化物对白蚁产生的关键酶的影响，发现所有被测的氯盐即使在 0.1mM/L 的低浓度下也能抑制所有酶；β-葡萄糖苷酶和纤维素酶的活性最易受到 NaCl 的抑制[51]；由于金属氯盐对代谢酶的抑制，白蚁将无法水解它们赖以生存的纤维素分解物质，最终导致有机体的死亡[52]。陈来华等[53] 通过对堤坝土埝中有黑翅土白蚁危害和无黑翅土白蚁生存土体氯化钠含量的测试，得出试验范围内有黑翅土白蚁危害堤坝的土埝氯化钠量在 0.02％以下，无黑翅土白蚁生存堤坝的埝氯化钠含量在 0.19％以上，黑翅土白蚁不可能在氯化钠含量较高的土埝中生存。胡寅等[54] 开展了盐土对白蚁阻杀、致死和抗穿越效果的室内试验，研究了盐土防治白蚁的作用机制和应用效果，筛选了一定种类和浓度的盐土来有效防治白蚁，为堤坝白蚁防治新技术的开发应用提供理论依据。

1.3.3 盐土防蚁屏障在白蚁防治中的应用

Hume[55] 首次提出了基于盐土防蚁屏障的建筑物白蚁防治系统，并申请了美国专利。该系统将无毒、驱蚁、吸湿的物质（食盐）引入地下白蚁的通道中，由于摄入 NaCl 或接触含盐土壤，白蚁被驱除；如果白蚁在经过处理的土壤中继续掘进，它们将会因脱水而死亡；该系统的使用为抑制地下白蚁进入建筑物提供了一个零污染的屏障。如图 1.5（a）所示，白蚁通过营造蚁道沿裂隙、接缝等入侵建筑物基础，蚁道护壁由白蚁唾液夹杂植物碎片和泥土搅和而成。当白蚁在泥面以上活动时，会修筑泥线、泥被；泥线是工蚁在外出觅食取水时用自己的唾液将土粒黏合形成的管状通道；泥被则是工蚁在取食的地方用泥土黏合成片状的薄室。白蚁抑制剂的使用如图 1.5（b）所示，在基础开挖部分用食盐溶液

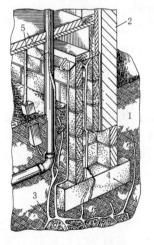
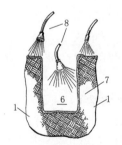

（a）白蚁入侵的建筑物基础　　　　　（b）白蚁抑制剂的使用

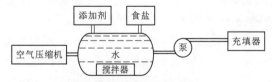

（c）建筑物白蚁防治系统框架

图 1.5　盐土防蚁屏障在建筑物白蚁防治中的应用示意图[55]

1—土层；2—建筑基础；3—蚁穴；4—蚁道；5—泥线；6—基础开挖部分；

7—盐垫层；8—盐雾喷头

喷灌，使食盐渗透到地基土层中，同时在开挖土体表层施加盐垫层。工业化的施工采用如图 1.5（c）所示的系统框架，利用黏土作为添加剂，和盐充分搅拌后，采用泵送施工充填。现场观测表明，白蚁仅仅通过与防蚁屏障上的盐接触就被驱除，而进入屏障区域的白蚁会脱水死亡。

浙江省水利河口研究院的陈来华等[56] 根据钱塘江省管海塘白蚁普查的结果，基于土埝中含有盐分的堤坝不受白蚁入侵的发现[57]，提出了堤坝盐碱土防治白蚁的方法。如图 1.6 所示，该方法因地制宜，操作简便，可采用含盐度较高的海水在海塘内侧的坡面上适当浇灌［图 1.6（a）］；或采用盐水拌土铺盖在海塘的坡面上［图 1.6（b）］或堤身整体置换［图 1.6（c）］；或采用盐土套井回填［图 1.6（d）］，防止白蚁侵入。陈来华等[23] 研究表明，当土样含盐量达到 0.6％，能显著阻止白蚁的穿越；且掺盐土样含盐量在 3％ 以下，土体物理力学指标变化都很小；在此基础上，结合堤坝的结构类型和白蚁在坝体内的筑巢特征，确定了预防白蚁入侵堤坝的盐土铺垫位置、含盐量及实施工艺。利用盐土防蚁屏障主动预防白蚁入侵堤坝的新技术，具有重要的现实意义和较好的实际应用价值。通过室内试验并结合现场调查、观测和实际工程应用，防渗黏土中含盐量在 0.2％ 以上时即能达到一定的防治效果。同时，利用食盐防治白蚁入侵堤坝，具有不污染环境、不影响饮用水安全、经济实用、实施简便、不需要后续管理等优点[58]。对有白蚁危害的堤坝进行现场踏勘，选择了浙江省临海市、龙游县、玉环市有白蚁危害的 21 座水库、2 条河道堤防进行了实际工程的应用，最早的是 2002 年，在临海市高塘水库等 3 座有严重白蚁危害的大坝掺食盐治理，至今未发现白蚁危害[24]。

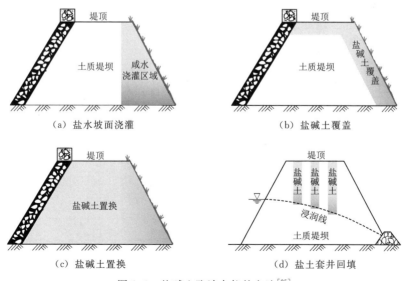

（a）盐水坡面浇灌　　　　　　　　　（b）盐碱土覆盖

（c）盐碱土置换　　　　　　　　　（d）盐土套井回填

图 1.6　盐碱土防治白蚁的方法[25]

1.4 土壤大孔隙流

1.4.1 土壤大孔隙

多数土壤由 35%～55% 的孔隙空间和 45%～65% 的固体物质组成[59]。土壤中的大孔隙包括植物根系形成的管状孔、土栖动物的巢穴、干燥收缩而产生的裂缝、化学风化溶解而产生的空洞、人类耕作形成的暗洞以及土壤团粒间较大的孔隙[60]。土壤中孔隙的大小影响孔隙的功能。虽然土壤大孔隙仅占体积的 0.1%～5%，却可传导 90% 的土壤水流通量，在很大程度上影响着水分和溶质在土壤中的运移[61]。由于土壤孔隙几何形状的变异性、空间分布的多样性和形成机理的复杂性，大孔隙的定义至今未形成共识[62]。土壤大孔隙的定义见表 1.1。

表 1.1　　　　　　　　　　土壤大孔隙的定义

定义来源	毛细势/kPa	等效直径/μm
Nelson，Baver (1940)[63]	>−3.0	
Marshall (1959)[64]	>−10.0	>30
Brewer (1964)[65]		
coarse macropores		5000
medium macropores		2000～5000
fine macropores		1000～2000
very fine macropores		75～1000
McDonald (1967)[66]	>−6.0	
Webster (1974)[67]	>−5.0	
Ranken (1974)[68]	>−1.0	
Bullock，Thomasson (1979)[69]	>−5.0	>60
Reeves (1980)[70]		
enlarged macrofissures		2000～10000
macrofissures		200～2000
Luxmoore (1981)[71]	>−0.3	>1000
Beven，Germann (1981)[72]	>−0.1	>3000
Beven，Germann (1982)[73]	>−6.0	
Cresswell et al. (1993)[74]	>−1.0	>300

美国土壤科学学会将土壤大孔隙定义为等效直径大于 75μm 的孔洞[75]。从功能上讲，这种大小的孔隙能导致水分和溶质的优先运移。大孔隙增加了土壤

的渗透系数，使水分能快速渗透和排泄，而周围基质孔隙中水分和溶质的渗透速度较低，致使水和溶质可以在这样的孔隙间充分地混合和运移[76]。在土壤中，大孔隙一般是由土壤裂缝、土壤侵蚀、植物根系、土栖动物群以及人类活动形成的。白蚁等土栖动物活动对土壤结构性和孔隙分布产生重要的影响。土栖动物的挖掘和翻动形成的孔道多为管状。已有研究结果显示，蚯蚓挖掘的大孔隙直径为 2～11mm，其通道的深度超过 80cm；白蚁巢穴中蚁道直径为 5～100mm，其深度可达到 2m 以上；土栖大型动物（如鼠类）营造的通道更为庞大，平均直径可以达到数十厘米[32]。与收缩裂缝不一样，白蚁等形成的生物大孔隙在较长时间内是稳定的，特别是当巢穴系统处于干燥或湿润状态时，由于盐分的结晶和化学胶结作用，使得通道截面更易保持稳定。现场观测表明，即使在完全膨胀的土壤中，生物大孔隙也可以继续为水流通量提供优势路径[77]。因此，从功能上讲，不论孔径、形状和结构如何，土壤中能够导致水分和溶质的优先运移的任何孔隙都可称为大孔隙，这也是大孔隙流不同于传统的达西渗流的一个显著特点。

1.4.2　土壤大孔隙流的特点

大孔隙流是指入渗水分和溶质，绕过基质土壤而直接通过土壤中的大孔隙快速运移到深层土壤，甚至是地下水的非均匀水流运动现象[78]。大孔隙流是大部分土壤中最常见的优先流类型，主要包括水流沿土壤裂缝、土栖动物巢穴和植物根系孔等形式的土壤大孔隙发生优先运移的过程[73]。含有大孔隙土壤中的水盐运移如图 1.7 所示[76]。

如图 1.7 (a) 和图 1.7 (b) 所示，假设在降雨开始之前溶质沉积在土壤表面，随着雨水的入渗，基质土壤中的微细和中尺度的孔隙首先达到饱和状态，然后是大尺度的基质孔隙 [图 1.7 (c)]；此时，大尺度基质孔隙的溶质通量远大于微细和中尺度的孔隙，水力传导率的差异导致土壤剖面中溶解物质的分布不均匀。如果雨水下渗到湿润的土壤，溶质的运移会加快，因为水流直接通过大尺度的基质孔隙，绕过已经饱和的微细和中尺度的孔隙 [图 1.7 (d)]。当表面降水率超过基质土壤的水力传导率时，水流可以通过土壤中的大孔隙快速运移，穿透土体而形成大孔隙优先流 [图 1.7 (e)]。在持续强降雨的情况下，即使在基质孔隙完全饱和之前，大孔隙也可能变得活跃，因为渗透过程较优先流发生得相对缓慢。

大孔隙流受基质土壤特性的影响，包括土壤成分、结构、容重、孔隙率、有机质含量、初始含水量和渗透系数等[79]。相对于粗粒的砂质土壤而言，细粒土壤中水流运动的非均匀程度更高，大孔隙优先流特征更明显。在质地较粗的土壤中，土颗粒之间的黏结强度较低，大孔隙流的通道不易保留；而在质地较细的土壤中，土颗粒之间的黏结强度增大，大孔隙可以存在较长的时间。由于砾石和土壤的接触面较大，砾石土中大孔隙流的现象比较常见，砾石与土颗粒之间的空隙可以成为大孔隙流的重要路径之一。另外，土壤中的根系孔与土栖动物孔、裂隙等其他的孔洞广为连通，形成了复杂的大孔隙流网状通道，对土壤中水分及溶质的运移也产生重要的影响[80]。

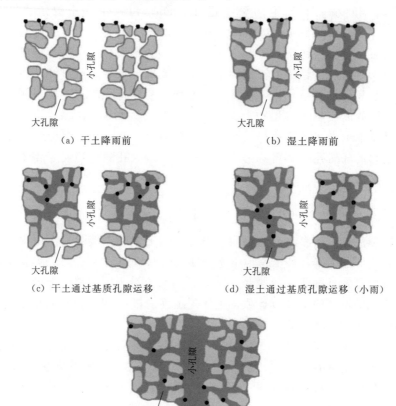

（a）干土降雨前　　　　　　　　　　（b）湿土降雨前

（c）干土通过基质孔隙运移　　　　　（d）湿土通过基质孔隙运移（小雨）

（e）湿土通过大孔隙优先流（暴雨）

图 1.7　含有大孔隙土壤中的水盐运移

1.4.3　土栖动物导致的大孔隙流

土栖动物对土壤性质影响的研究已有上百年的历史[81]。土栖动物的活动增加了土壤孔隙度，其地下巢穴是土壤大孔隙的重要组成部分。土栖动物导致的大孔隙在土壤垂向上能连通到地表，从而使土壤的水力传导率显著提高[82]。自1975 年 Ehlers[83] 开创性工作发表以来，生物大孔隙对降雨所致土壤孔隙水流动的影响已成为相关领域的热点问题之一。Beven 和 Germann 分别于 1982 年[73]

和 2013 年[84] 对该领域的研究进展进行了综述。土栖动物大孔隙对土体水流入渗性能的影响研究主要集中于蚯蚓掘进通道、蚂蚁和白蚁巢穴。此类土壤大孔隙在调节生物地球化学过程和生态系统功能中的重要性，如植物营养物质的供应、土壤结构的维持和水分的调节等，已经得到了大量的证明[85]。

蚯蚓对土壤物理结构，特别是大孔隙率的改变已有很多研究[86]。蚯蚓可以通过建造大孔隙增加土壤的吸水能力来抵御强降雨干扰，进而维持植物生长[87]。Ehlers[83] 的研究表明，蚯蚓通道的孔径为 2~11mm，掘进深度超过 80cm，4 年内蚯蚓通道的数量和百分比翻倍，占 0.2% 体积率的蚯蚓通道将土壤导水率增加 1mm/min。Aina[88] 对热带雨林土壤的研究表明，蚯蚓活动 8 个月后，局部区域土壤的导水率增加 2.5 倍。蚯蚓的种类、通道结构和活动量在一定程度上决定了土壤渗透率。Joschko 等[89] 通过试验研究表明，蚯蚓通道的长度与大孔隙土壤的导水率正相关。Bastardie 等[90] 研究了蚯蚓通道的结构特征，指出不同种类蚯蚓通道的水力传导率差异显著，与蚯蚓通道的孔径、弯曲率和连通性有关。Chen 等[91] 研究表明，蚯蚓在土壤大孔隙（>100μm）发育中起到了积极的作用，蚯蚓通道在免耕、犁耕和垄作方式下，土壤水力传导率分别增加 70%、41% 和 66%。

与白蚁一样，蚂蚁也是群集而居的社会性昆虫。通过挖掘和搬运土颗粒，在一定程度上可改变土壤结构和孔隙率。南美切叶蚁的巢穴范围达到 26.1~67.2m^2，入土深度为 7~8m，蚁道长度可达 6m，每巢挖掘土量超过 40t[92]。土栖蚂蚁的巢穴在土壤中形成了大孔隙，为降雨产生优先流创造了条件，对土壤水分和溶质的运移影响较大。Majer 等[93] 发现蚂蚁巢穴可以显著提高土壤水分的入渗速度，而且不同种类的蚂蚁巢穴对土壤水分入渗的机理不同。在巴西热带林区，蚂蚁巢区的水分入渗可以增加 1 倍以上[94]。张家明[95] 分析了拟黑多刺蚁的巢穴结构，探索了拟黑多刺蚁对土壤大孔隙流渗透的影响，研究表明拟黑多刺蚁对大孔隙流的影响深度为 30cm 左右。闫加亮等[96] 在绿洲农田土壤原位染色示踪试验中发现，蚂蚁洞穴的存在使入渗深度增加超过 50%。杨析等[97] 通过石膏浇筑法研究了黄土高原北部日本弓背蚁巢穴结构特点，分析了土壤质地、含水量和容重对日本弓背蚁巢穴结构的影响，结果表明，蚂蚁通道直径主要与蚂蚁的体型相关，巢口直径为 4.1~6.6mm，巢穴体积随着蚂蚁群落规模的增长而增加。

白蚁在土壤中筑巢繁殖，一般有一个主巢和多个副巢（菌圃），主巢较副巢要大得多。白蚁活动往往会形成密集的地下通道网络，并在立面上与土壤表面贯通。蚁穴系统可以显著提高土壤的保水能力、透气性、土壤水分和溶质的入渗能力。当存在白蚁大孔隙时，降雨通常主要通过这些大孔渗透进入下部土层，其水渗透速率可达未受白蚁扰动土层渗透速率的 2 倍以上。如图 1.8（a）所示，大白蚁亚科（*Macrotermitinae*）昆虫的巢穴建筑物，是白蚁种类中最庞大而复杂的，它包括出露在地表以上的白蚁丘，高度可超过 10m；白蚁日常生活巢穴和四通八达的土管和廊道。一个典型的 *Macrotermes michaelseni* 蚁丘的体积为 $5\sim 7m^3$，其中大约 80% 土体是从深层土壤中挖掘出来并累积而成。白蚁巢穴附近降雨的径流和渗流模式如图 1.8（b）所示，蚁丘表层土体的渗透性相对较弱，降雨通过周围的可渗透土体逐渐汇聚到白蚁扰动土层区。降雨过后，为保持巢内特定的湿度，其土壤水分运动和蒸发的模式如图 1.8（c）所示，蚁穴的水分输出形式主要是墙壁孔隙和出入口的气流交换等蒸发过程，大白蚁丘的蒸发是由周围土壤的大量水输入来维持的[98-99]。

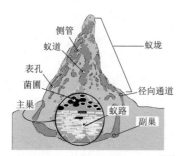

（a）白蚁巢穴的横截面结构示意图[98]

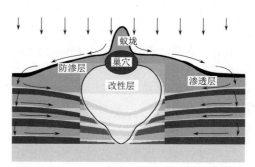

（b）白蚁巢穴附近降雨的径流和渗流模式[99]

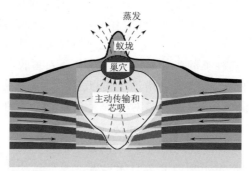

（c）保持巢内特定湿度的土壤水分运动和蒸发的模式[99]

图 1.8　白蚁巢穴及其周围的水分运移

Leonard 和 Rajot[100] 研究了白蚁活动强度与降雨入渗的关系，发现每平方米 30 个以上觅食孔的白蚁群落会对土壤的渗透性产生显著的影响。Leonard 等[82] 通过室内模拟和野外试验研究了白蚁巢穴对土壤水力传导率以及地表径流的影响，结果表明白蚁活动形成的土壤大孔隙可以将水分及溶质的入渗速率提高 3 倍以上。Cheik 等[11] 采用 X 射线 CT 法研究了动物巢穴对于土体渗透性能的影响，通过三维成像量化分析发现，白蚁和蚯蚓的生物扰动可以导致土壤的饱和渗透系数分别增大 30 倍和 16 倍。Chen 等[101] 采用染色示踪法测定了白蚁丘结构、土壤含水量的时空变化特征及白蚁活动对土壤水分的调节功能，研究表明白蚁巢穴通道提高了土壤的水分渗透性并减少了地表径流的产生，对消减表层土壤侵蚀和水土流失具有积极作用。

1.5　土壤大孔隙优先流水盐运移研究

1.5.1　直接观测技术

　　流动示踪技术是认识土壤中大孔隙优先流的主要现场观测方法之一[84]。常用的染色示踪法通常将喷洒在土壤上的水中添加染料示踪剂，以便在开挖的土壤剖面上可以看到所产生的渗透模式[102]。由于染色剂具有颜色鲜明、价格便宜、与基质土壤色差明显、试验耗时短等优点，染色示踪法已成为野外观测土壤优先流的主要方法[103]。可用于优先流示踪研究的染色剂种类很多，包括具有强吸附性的亚甲基蓝[104]、酸性红[105]、亮蓝 FCF[106] 等。李文凤等[107] 利用亚甲基蓝作为示踪剂研究不同耕作方式下黑土的渗透特性和优先流特征；Wang 等[108] 联合应用碳酸铵加 pH 指示剂研究水分的运移；Morris 等[109] 利用亮蓝染色示踪剂和数字图像分析技术，结合 TDR 观测和穿透曲线法，对比研究了大孔隙的特征以及优先流的发生机理。原则上作为土壤水流运动示踪的染色剂应该具有颜色鲜明、无污染、易识别、化学性质稳定等特点，但任何单一品种的示踪剂都不能同时满足上述要求[110]。如亮蓝 FCF 颜色鲜明且毒性低，与基质土壤本底颜色反差大，在土壤中保留时间长，但在酸性土壤中的亮蓝 FCF 会由于离子电荷及其大分子尺寸而被吸附[111]，导致染色剂的示踪范围明显滞后于入渗湿润锋的实际运移范围[112]。因此，染料示踪通常与保守的示踪剂结合使用，或者几种染料同时使用以便更好地描述土壤优先流的渗透模式[110]。

　　Cl^-、Br^- 和 I^- 等无机阴离子几乎不被土壤黏粒所吸附，即使在酸性土壤中也具有与孔隙水入渗湿润锋相一致的运移速特征，经过着色处理后，即可以运用于渗透示踪观测。碘-淀粉着色示踪方法在土壤优先流运移模式和非均匀特性分析方面都取得了较好的效果[113]，是常用的离子着色示踪技术。Wang 等[114] 针对不同的土壤纵剖面，用亮蓝 FCF 和碘-淀粉作为染色剂示踪土壤大孔隙优先流。Lu 和 Wu[115] 利用 0.2%～0.4% 的 Br^- 溶液来示踪细质地土壤中的优先流结构。

　　地球物理勘探技术也常被应用于土壤中大孔隙优先流的现场观测[116]，该技术通过研究和观测各种地球物理场的变化来分析土壤的结构性和优先流特征。电阻层析成像技术（electrical resistance tomography，ERT）是通过观测不同方向激发电场的电阻率变化来反演计算探测区渗流过程的一种地球物理勘探技术。

Vanderborght 等[117] 以人造蓄水层为研究对象，采用 ERT 技术，结合数值的示踪试验来研究土壤渗透系数和二维平面内染色剂迁移特性的空间关系。地下雷达探测技术（ground penetrating radar，GPR）利用无线电频谱中微波波段的电磁辐射，探测地下结构的反射信号。Harari[118] 利用 GPR 技术研究了沙丘内部结构变化，研究表明在降雨条件下，探地雷达探测能复演沙丘的不连续湿润前锋推进和优先流运移路径。磁共振技术（magnetic resonance imaging，MRI）可以在不破坏样品的情况下确定物质的化学结构及某种成分的密度分布。Posadas 等[119] 用人造双层砂质土壤来模拟分层土体，用 MRI 技术获得分层土壤中指流几何信息，以此来分析土体中指流的运移特性。Keller 等[120] 采用 ERT 和 GPR 技术对结构性土体的压实特性进行了长期观测。

计算机断层成像技术（computed tomography，CT）是一种基于影像诊断学的检查，目前已有的研究主要集中于通过 CT 扫描原理来确定大孔隙的分布情况，从而研究优先流的运移路径。Warner 等[121] 利用 CT 成像技术获得了土壤中大孔隙的数量、大小、形状等参数，实现了大孔隙的定量化描述。Anderson 等[122] 用 CT 扫描仪对来自耕地和森林的土壤试样分别进行扫描得到大孔隙分布特点；Zeng 等[123] 利用 CT 成像技术得到土壤结构信息，采用分形维数来量化小尺度范围内的土壤的组成变化。基于 X 射线的计算机断层成像可以确定非常精细的结构，Luo 等[124] 采用 X 射线 CT 成像技术对土柱进行扫描，获得大孔隙参数，包括大孔隙的长度、密度、平均弯曲度、网络密度、水力半径、路径数、节点密度和平均角度，进而建立了土壤大孔隙特征与优先流输运的定量关系。Naveed 等[125] 基于 X 射线 CT 成像技术研究了大孔隙网络特征，借此对生物孔隙优先流和基质渗流进行了预测。Yang 等[126] 用 X 射线 CT 成像技术研究了大孔隙土体的结构性，准确地确定了大孔隙（直径大于 1mm）和小孔隙（直径 $0.13 \sim 1$mm）的数量、形态和位置。

1.5.2 室内模型试验

原状土柱在实验室中经常被用来研究受控条件下的大孔隙优先流，但是土壤结构的复杂性导致很难完全掌握其运移特征。为了更好地理解优先流过程，几何结构已知的人工大孔隙被应用到室内填充土柱模型试验中。Bouma 和 Anderson[127] 在直径 10cm、高度 30cm 的土柱中人工设置垂直连续的小圆柱孔以模拟大孔隙，研究了不同微观结构类型的垂直连续大孔隙对流体水动力弥散的影响。Ela 等[128] 采用圆盘式渗透仪研究了模拟降雨对土壤人造大孔隙水分入渗的影响，研究表明蚯蚓孔隙通道导致的水通量增加，很大程度上是由少数可见大孔隙造成的。Li 和 Ghodrati[129] 研究了不同导水率土壤中溶质在人造大孔隙中的运移特征，这些大孔隙是通过将金属棒插入直径 20cm、高度 30cm 均匀填充土柱中而形成的，结果表明随着入渗流量的增加，大孔隙的连续性在大孔隙流中的作用越重要。但是，即使上述所有研究都是基于明确定义的土壤人工大孔隙结构，但对某些试验现象和过程的解释仍然仅是定性的。

近年来，更多的研究致力于获取有关大孔隙和基质土壤中水分和溶质运移的更直接信息。Castiglione 等[130] 设计了柱长 75cm、柱径 24cm、大孔隙直径 0.1cm 的试验装置，模拟了大孔隙和基质之间的水通量交换，并通过数学模型进行验证，结果表明水交换系数依赖于大孔隙的导水率。Kohne 和 Mohanty[131] 设计了基于先进的测量技术的填充土柱试验，能够区分大孔隙和基质水流，并量化域间水分转移，且与数值模拟的结果进行了对比。Akay 和 Fox[132] 开展了大孔隙与地下排水沟连通性模型试验研究，试验表明，土壤大孔隙直接与地下排水沟相连，在大孔隙压力水头增加后，可分流 40% 的基质流，从而起到加速水流和污染物运移的作用。Arora 等[133] 在均匀填土、中央单孔、低密度和高密度等不同孔隙结构的土柱上进行了渗透和排水试验，并反演了数模计算参数。Germer 和 Braun[134] 设计了高 120cm、直径 100cm 的半圆柱填充土柱渗透试验，以研究水在大孔隙及周围基质之间的流动，结果表明，在高渗透速率的情况下，大孔隙水流可被周围基质完全或部分汲取，以至于在大孔隙内看不到相关的锋面垂直传播。

更大尺度的大孔隙流室内模型试验是在土槽中进行的。Pierson[135] 首次开展了内置土管的山坡内的水流运移研究，结果表明，封闭土管可以产生显著的局部孔隙水压力增大，会导致斜坡的失稳。Sidle 等[136] 首次采用模型试验研究了可控水文条件下多孔介质（沙层）中的管流问题；Kosugi 等[137] 进而研究了管流引起的堵塞导致的滑坡过程；Wilson 等[138] 进行了类似的实验室模拟研究，以探讨封闭式土管在土壤侵蚀中的作用。Hanson 等[139] 开展了土质堤坝内部管流侵蚀的大型模拟试验，土质堤坝高 1.3m，顶宽 1.8m，底宽 9.6m，坡比 3∶1，土管直径 4cm，研究了不同填充料土质堤坝的侵蚀过程。Wilson 等[140] 利用长 140cm、宽 100cm、深 20cm 的土槽，内置不同初始尺寸的土管，研究恒定水头条件下初始管径对大孔隙优先流和土管塌陷过程的影响，进而结合数值模拟分析了土管管壁的侵蚀过程[141]。

1.5.3　数学模型研究

土体水盐运移理论最早起源于达西定律，Richards[142] 基于达西定律，建立了多孔介质中非饱和水流运动的基本方程。在土壤水分运移方程的基础上，Lapidus 和 Amundson[143] 首次将一个类似对流扩散方程的模型应用于溶质运移问题。此后，国内外学者提出了大量的适用于不同条件的土壤水分和溶质运移模型[144]。如图 1.9 所示，土壤中水流和溶质运移模型可大致分为连续体、双连续体或多连续体、网络结构模型等[145]。

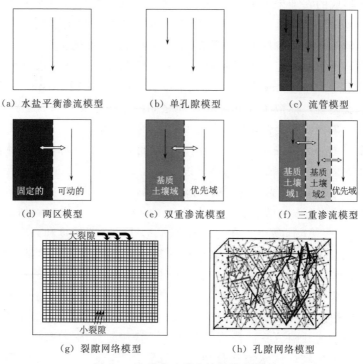

　　（a）水盐平衡渗流模型　　　　　（b）单孔隙模型　　　　　　（c）流管模型

　　　　（d）两区模型　　　　（e）双重渗流模型　　　（f）三重渗流模型

　　　（g）裂隙网络模型　　　　　　　（h）孔隙网络模型

图 1.9　土壤中水流和溶质运移模型

　　传统概念上土壤是连续多孔介质，水盐平衡渗流模型［图 1.9（a）］假设通过这种饱和度可变的多孔系统的水流是均匀的，并且处于局部平衡状态，通常可用 Richards 方程来描述。单孔隙模型［图 1.9（b）］解耦 Richards 方程中含水量和压力水头，采用附加驱动函数来模拟非平衡渗流。流管模型［图 1.9（c）］假设溶液内质点的运移方向与流管方向相同，不考虑水平混合流和溶液内的物质反应。两区模型［图 1.9（d）］考虑了土壤中不动水体的存在，能更为准确地描述溶质的运移过程。双重渗流模型［图 1.9（e）］假定土壤介质由大孔隙优先域和基质土壤域组成。三重渗流模型在概念上与双重渗流模型相似，只是在模型中考虑了附加的孔隙重叠区域［图 1.9（f）］。裂隙网络模型［图 1.9（g）］用于描述离散基质在裂隙中的流动和运移。孔隙网络模型［图 1.9（h）］则用于计算通过二维或三维几何网络结构排列的土壤孔隙流动。

　　1. 水盐平衡渗流模型

　　水盐平衡渗流模型通常基于水分运移的 Richards 方程和基于溶质运移的对流-弥散方程（convection-dispersion equation，CDE）[146]，即

$$\frac{\partial \theta}{\partial t} = \frac{\partial}{\partial z}\left[K(h)\left(\frac{\partial h}{\partial z}+1\right)\right] - S \qquad (1.1)$$

$$\frac{\partial \theta c}{\partial t} + \frac{\partial \rho s}{\partial t} = \frac{\partial}{\partial z}\left(\theta D \frac{\partial c}{\partial z}\right) - \frac{\partial qc}{\partial z} - \mu(\theta c + \rho s) + \gamma \theta + \gamma \rho \qquad (1.2)$$

式中　z——竖向坐标，m；

　　　t——时间，s；

　　　h——压力水头，m；

　　　θ——土壤体积含水量，m^3/m^3；

　　　K——非饱和水力传导系数，m/s；

　　　c——液相中溶质浓度，kg/m^3；

　　　s——固相中溶质浓度，kg/kg；

　　　q——单位体积流量密度，$m^3/(m^2 \cdot s)$；

　　　μ——一阶速率常数，s^{-1}；

　　　γ——零阶速率常数，$kg/(m^3 \cdot s)$；

　　　ρ——土壤密度，kg/m^3；

　　　D——弥散系数，m^2/s；

　　　S——源汇项，$m^3/(m^3 \cdot s)$。

2. 单孔隙模型

将 Richards 方程式（1.1）中土壤体积含水量 θ 和压力水头 h 解耦，用一个附加的微分方程替代平衡耦合假设[147]，即

$$\frac{\partial \theta}{\partial t} = f(\theta, \theta_e) \qquad (1.3)$$

式中　θ_e——平衡含水量，m^3/m^3；

　$f(\theta, \theta_e)$——与平衡含水量 θ_e 相关的函数。

Ross 和 Smettem[147] 假定为

$$f(\theta, \theta_e) = \frac{\theta_e - \theta}{\tau_e} \qquad (1.4)$$

式中　τ_e——平衡稳定时间，s。

3. 双重孔隙模型

将介质中的流体分为两部分，分别是基质以外孔隙（优先域）中流动的流体 θ_f 和基质孔隙内静止的流体 θ_m，$\theta = \theta_f + \theta_m$。Philip[148] 根据 Richards 方程得到

$$\frac{\partial \theta_f}{\partial t} = \frac{\partial}{\partial z}\left[K(h)\left(\frac{\partial h}{\partial z} + 1\right)\right] - S_f - \Gamma_w \qquad (1.5)$$

$$\frac{\partial \theta_m}{\partial t} = -S_m + \Gamma_w \qquad (1.6)$$

溶质运移的双重孔隙率公式同样基于对流-弥散方程和质量平衡方程，即

$$\frac{\partial \theta_f c_f}{\partial t} + \frac{\partial f \rho s_f}{\partial t} = \frac{\partial}{\partial z}\left(\theta_f D_f \frac{\partial c_f}{\partial z}\right) - \frac{\partial q c_f}{\partial z} - \phi_f - \Gamma_s \tag{1.7}$$

$$\frac{\partial \theta_m c_m}{\partial t} + \frac{\partial (1-f)\rho s_m}{\partial t} = -\phi_m + \Gamma_s \tag{1.8}$$

式中 S_f——优先域中的源汇项，$m^3/(m^3 \cdot s)$；

      S_m——基质域中的源汇项，$m^3/(m^3 \cdot s)$；

      Γ_w——基质水分迁移项，$m^3/(m^3 \cdot s)$；

      Γ_s——溶质的迁移项，$kg/(m^3 \cdot s)$；

      θ_f——优先域中体积含水量，m^3/m^3；

      θ_m——基质域中体积含水量，m^3/m^3；

      c_f——优先域液相中溶质浓度，kg/m^3；

      c_m——基质域液相中溶质浓度，kg/m^3；

      s_f——优先域固相中溶质浓度，kg/kg；

      s_m——基质域固相中溶质浓度，kg/kg；

      f——无量纲接触系数；

      ϕ_f——优先域中参与反应的源汇项，$kg/(m^3 \cdot s)$；

      ϕ_m——基质域中参与反应的源汇项，$kg/(m^3 \cdot s)$；

      D_f——优先域中的弥散系数，m^2/s。

Simunek 等[146] 和 Kohne 等[149] 讨论了可用于描述水分迁移项 Γ_w 的不同方法。

描述大孔隙中水流的另一种方法由 Germann 和 Beven[150] 提出的，他们使用运动波方程来刻画水在大孔隙中的重力运动，即

$$\frac{\partial q}{\partial t} + C \frac{\partial q}{\partial z} + C S_r \theta_f = 0 \tag{1.9}$$

其中

$$q = b \theta_f^a$$

$$C = \frac{\partial q}{\partial \theta_f}$$

式中 a——运动波方程运动指数；

      b——运动波方程传导参数；

      S_r——吸附源汇项，$m^3/(m^3 \cdot s)$。

4. 双重渗流模型

双重渗流模型是假定水分在基质孔隙中是静止的，而双重渗流模型则假设水分在基质之外的孔隙（优先域）和基质孔隙中都能流动。因此，将 Richards 方程式（1.1）同时应用到优先域和基质域中，Gerke 和 van Genuchten[151] 提

出了优先流双重渗流模型，即

$$\frac{\partial \theta_f(h_f)}{\partial t} = \frac{\partial}{\partial z}\left[K_f(h_f)\left(\frac{\partial h_f}{\partial z}+1\right)\right] - S_f(h_f) - \frac{\Gamma_w}{\omega} \tag{1.10}$$

$$\frac{\partial \theta_m(h_m)}{\partial t} = \frac{\partial}{\partial z}\left[K_m(h_m)\left(\frac{\partial h_m}{\partial z}+1\right)\right] - S_m(h_m) + \frac{\Gamma_w}{1-\omega} \tag{1.11}$$

式中　h_f——优先域中的压力水头，m；

　　　h_m——基质域中的压力水头，m；

　　　S_f——优先域中的源汇项，$m^3/(m^3 \cdot s)$；

　　　S_m——基质域中的源汇项，$m^3/(m^3 \cdot s)$；

　　　K_f——优先域中的非饱和水力传导系数，m/s；

　　　K_m——基质域中的非饱和水力传导系数，m/s；

　　　ω——优先域孔隙在所有孔隙中所占的体积比。

针对介质中的溶质，则

$$\frac{\partial \theta_f c_f}{\partial t} + \frac{\partial f\rho s_f}{\partial t} = \frac{\partial}{\partial z}\left(\theta_f D_f \frac{\partial c_f}{\partial z}\right) - \frac{\partial q c_f}{\partial z} - \phi_f - \Gamma_s \tag{1.12}$$

$$\frac{\partial \theta_m c_m}{\partial t} + \frac{\partial f\rho s_m}{\partial t} = \frac{\partial}{\partial z}\left(\theta_m D_m \frac{\partial c_m}{\partial z}\right) - \frac{\partial q c_m}{\partial z} - \phi_m - \frac{\Gamma_s}{1-\omega} \tag{1.13}$$

式中　D_m——基质域中的弥散系数，m^2/s。

式（1.12）假设孔隙是完全对流-弥散型运移描述，可以只考虑溶质的活塞式位移[152]。

近年来，数学模型的日趋成熟和计算机模拟技术在土壤溶质运移研究中的应用，促进了溶质运移的理论研究与实验技术及实际生产问题的衔接，为土壤大孔隙优先流水盐运移研究提供了一种定量化、机理化和系统化的途径[153]。美国农业部开发的根区水质模型 RZWQM 应用管流型两域模型模拟土壤大孔隙中的水分运动，并应用 Green-Ampt 模型描述大孔隙域与基质域之间的水分交换[145]，同时耦合了农业生产管理以及环境影响的模块，模拟农业生产系统中作物生长及水分、养分和杀虫剂在作物根区的运动和传输[154]。Jarvis[155] 建立了优先流水分和溶质运移的 MACRO 数值模型，重点关注大孔隙中的流动过程，模型分别用 Richards 方程和对流-弥散方程描述水分和溶质在基质土壤中的运移，用简单的容量型方法来描述大孔隙区水流和溶质的运移。美国国家盐土实验室开发的 HYDRUS 模型是用来模拟非饱和多孔介质中水分、溶质以及能量运移过程的新型数值模型[156]，该模型经历了 UNSAT、AWMS-2D、CHAIN-2D、HYDRUS-1D、HYDRUS-2D 及 HYDRUS-3D 等系列发展，已成为世界上应用最为广泛的定量描述水盐运移的模型之一[157]。其他常见的数值法软件还包括可变饱和二维流动与物质运移的 VS2DT 系列模型[158]、描述冻融土壤水热盐运移规律的 SHAW 模型[159] 及模拟裂隙岩体中的水流和溶质运移问题的 TOUGH2 模型等[160]。

1.6 主要工作内容

1.6.1 研究目标

盐土防蚁屏障是堤坝土栖白蚁防治的新技术，从盐分淡化的角度研究该技术的防效性有利于其进一步技术创新和推广应用。本书采用资料分析、理论研究、室内试验和数值模拟相结合的方法，考察堤坝浸润线的位置、蚁穴通道的空间分布情况及组成部分的相互连接关系，探索白蚁对土壤环境 pH 因子的选择性，分析堤坝蚁穴系统的水力特点，研究白蚁巢穴对堤坝稳定性的影响，基于非饱和渗流数值模型探讨防渗黏土中掺入食盐后的土体盐分淡化机理，并指导白蚁防治工程实践。本书是堤坝土体水盐运移机理和分析方法的新探索，可为堤坝工程除险加固及白蚁防治提供合理实用的技术储备。

1.6.2 研究方案

本书的技术路线如图 1.10 所示。

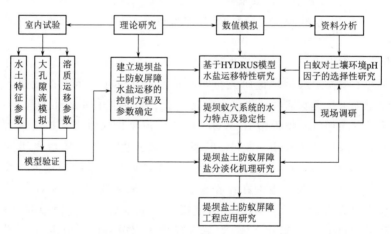

图 1.10 技术路线

本书主要工作包含以下几个方面：

（1）采用文献资料统计分析的方法，重点探索蚁巢及其周边土壤的 pH 值范围和白蚁活动对土壤 pH 值的影响。结合钱塘江海塘存在白蚁的典型区段 pH 值现场调查与分析的成果，定性探讨采用盐土防治白蚁的机理。

（2）采用自主设计的室内土柱试验装置，利用重塑土和人造大孔隙构造白蚁通道，基于土柱渗透试验，研究白蚁通道对周围土壤中水盐运移的影响，提出其大孔隙流水盐运移的数值模拟方法，并进行模型验证。

（3）考虑堤坝浸润线的位置、蚁穴通道的空间分布情况及组成部分的相互连接关系，基于非饱和多孔介质渗流理论，采用数值模拟的方法，研究不同堤坝蚁穴系统结构的水力性状，分析堤坝内土体孔隙水压力的分布特点，并对堤坝稳定性进行评价。

（4）采用描述非饱和带多孔介质中水分运移的 Richards 方程和溶质运移的 CDE 对流-弥散方程，构建堤坝盐土防蚁屏障水盐运移的数值模拟，研究水位波动、渗透系数变化、降雨入渗和蚁道结构对防蚁屏障水盐运移的影响，分析掺盐土体水盐运移特点和盐分淋洗淡化的机理。

（5）结合具体工程实践，以浙江省龙游县 2 座不同类型的水库大坝除险加固防蚁工程为例，采用数值模拟的方法，从盐分淡化的角度评价现有套井回填堤坝盐土防蚁屏障技术的防效性，并提出了切合实际的改进措施。

1.6.3 预期目标

本书的预期研究结果如下：

（1）综合分析白蚁对土壤环境 pH 因子的选择性，定性探讨采用盐土防治白蚁的机理。

（2）开展水盐运移模拟研究，厘清堤坝蚁穴与盐土防蚁屏障水盐运移特征和规律。

（3）揭示堤坝盐土防蚁屏障盐分淡化机理，阐明 NLSB 盐土防治白蚁新技术的防效性。

（4）提出优化的堤坝盐土回填方法，为盐土防治白蚁新技术方案的制订提供建议。

第 2 章

白蚁对土壤环境 pH 因子的选择性分析

　　白蚁的活动,导致土壤有机质和其他营养盐的富集,同时影响土壤物理性质、化学性质和生物活动过程。围绕国内外学者在白蚁巢穴 pH 值特性方面的研究成果,主要包括白蚁巢穴及其周边土壤的物理特性、化学特性,针对分布地区、白蚁种类及蚁穴和周边土壤性状,较系统地分析白蚁对土壤环境 pH 因子的选择性。采用统计分析的方法,重点探索蚁巢及其周边土壤的 pH 值范围和白蚁活动对土壤 pH 值的影响。结合钱塘江海塘存在白蚁的典型区段 pH 值现场调查与分析的成果,定性探讨采用盐土防治白蚁的机理[161]。

2.1　白蚁巢穴土壤 pH 值特性

　　白蚁是一种筑巢而群居的昆虫,巢是社会性昆虫的一种特殊要素。白蚁巢穴采用的形式种类繁多,它是白蚁集中生活的大本营,在一定程度上反映了其生物学特征[13]。白蚁的活动影响土壤的物理、化学和生物活动特性,促进土壤有机质和其他营养盐的富集[162]。白蚁巢穴与周边环境土壤的理化性质之间存在一定的差异。巢穴一般具有相对较高的 pH 值、黏粒及粉沙粒、有机质、阳离子含量、盐基饱和度和孔隙度,强抗穿透力,低磷酸酶活性等特点。白蚁对生活环境具有一定的选择性。白蚁的活动也可能因环境土壤类型和土壤理化性质的不同而存在一定的差异。研究白蚁对土壤和植物的选择性，对探索白蚁无害控制措施和降低白蚁危害具有积极意义和工程实用价值。

白蚁种类、分布地区及巢穴和周边土壤的 pH 值汇总见表 2.1。数据主要来自 51 篇国际期刊文章中共 20 个国家、40 多个不同种类的白蚁调查研究的结果，总计 117 组数据。大多数研究地点集中在非洲，包括肯尼亚、津巴布韦、尼日利亚、刚果、乌干达、坦桑尼亚、喀麦隆、几内亚、加蓬、科特迪瓦、布基纳法索、埃塞俄比亚和南非；另外，还包括委内瑞拉、美国、巴西、澳大利亚、印度、伊朗和巴基斯坦。已有的统计数据中 2/3 是关于非洲白蚁丘的研究结果。Robinson[163] 首次定量研究了肯尼亚 Ruiru 地区红壤咖啡地中土栖白蚁巢穴及其周边土壤的 pH 值特性，结果表明：蚁巢土壤的平均 pH 值为 5.89，下层未扰动土壤 pH 值为 5.52，即该地区白蚁普遍生活在酸性土壤中，且由于白蚁的活动导致土壤 pH 值增加。

表 2.1　　白蚁种类、分布地区及巢穴和周边土壤的 pH 值汇总

采样地区	参 考 文 献	白 蚁 种 类	土壤 pH 值*		
			TM	SS	DV
肯尼亚	Robinson (1958)[163]	*Odontotermes. badius*	5.89	5.52	0.37
	Arshad (1982)[164]	*Macrotermes. michaelseni*	5.60	5.10	0.50
	Bagine (1984)[165]	*Odontotermes.* sp.	7.90	8.60	−0.70
	Arshad et al. (1988)[166]	*Macrotermes. michaelseni*	7.10	6.00	1.10
		Macrotermes. michaelseni	6.10	5.70	0.40
		Macrotermes. herus	7.20	5.50	1.70
		Macrotermes. herus	7.90	6.10	1.80
		Macrotermes. herus	5.80	5.50	0.30
津巴布韦	Watson (1962)[167]	sp.	7.91 (±0.85)	6.16 (±0.55)	1.75
	Watson (1969)[168]	*Odontotermes. badius*	5.70	4.40	1.30
		sp.	7.20	4.90	2.30
	Watson (1972)[169]	*Macrotermes. natalensis*	5.80	4.30	1.50
	Watson (1977)[170]	*Macrotermes. falciger*	7.40	5.00	2.40
	Muvengwi et al. (2013)[171]	*Macrotermes.* sp.	7.50 (±0.10)	5.80 (±0.20)	1.70
尼日利亚	Nye (1955)[172]	*Macrotermes. nigeriensis*	6.83 (±0.39)	6.60 (±0.17)	0.23
		Macrotermes. nigeriensis	6.83 (±0.31)	5.88 (±0.69)	0.95
	Malaka (1977)[173]	*Amitermes. evuncifer*	4.60	4.20	0.40
		Cubitermes. sp.	4.70	4.40	0.30

续表

采样地区	参考文献	白蚁种类	土壤 pH 值*		
			TM	SS	DV
尼日利亚	Malaka (1977)[173]	*Macrotermes. bellicosus*	4.50	4.70	−0.20
		Trinervitermes. geminatus	5.10	4.70	0.40
	Wood et al. (1983)[174]	*Cubitermes. ocularus*	5.90 (±0.12)	6.00 (±0.11)	−0.10
		Cubitermes. severus	6.00 (±0.07)	5.30 (±0.03)	0.70
	Akamigbo (1984)[175]	*Nasutitermes. sp.*	5.30	4.90	0.40
	Anderson, Wood (1984)[176]	*Cubitermes. severus*	6.00	5.30	0.70
		Procubitermes. aburiensis	5.50	4.90	0.60
	Ezenwa (1985)[177]	*Macrotermes. bellicosus*	6.30	5.80	0.50
		Trinervitermes. geminatus	6.30	5.70	0.60
	Asawalam et al. (1999)[178]	*Nasutitermes. sp.*	5.10	4.20	0.90
	Abe, Wakatsuki (2010)[179]	*Macrotermes. bellicosus*	6.80 (±1.30)	5.80 (±0.60)	1.00
		Macrotermes. bellicosus	5.80 (±0.20)	6.20 (±0.90)	−0.40
		Macrotermes. bellicosus	7.20 (±0.40)	6.30 (±0.40)	0.90
	Afolabi et al. (2014)[180]	*Macrotermes. bellicosus*	6.72	6.62	0.10
		Trinervitermes. geminatus	6.33	6.33	0.00
	Ehigiator et al. (2015)[181]	sp.	5.90	4.90	1.00
		sp.	5.80	4.80	1.00
		sp.	6.10	4.90	1.20
		sp.	6.10	4.70	1.40
		sp.	6.20	5.10	1.10
刚果	Garnier–Sillam, Harry (1995)[182]	*Noditermes. lamanianus*	4.80 (±0.20)	4.10 (±0.30)	0.70
		Cubitermes. fungifaber	4.80 (±0.30)	4.10 (±0.30)	0.70
		Thoracotermes. rnacrothorax	4.50 (±0.30)	4.10 (±0.30)	0.40
		Crenetermes. albotarsalis	3.70 (±0.10)	4.10 (±0.30)	−0.40
	Mujinya et al. (2010)[183]	*Macrotermes. sp.*	6.40 (±1.39)	5.00 (±0.01)	1.40
	Mujinya et al. (2011)[184]	*Macrotermes. sp.*	8.00	4.80	3.20
		Macrotermes. sp.	8.60	6.00	2.60
	Erens et al. (2015)[185]	*Macrotermes. falciger*	8.11 (±0.1)	5.21 (±0.16)	2.90
乌干达	Okwakol (1987)[186]	*Cubitermes. testaceus*	5.50 (±0.30)	4.70 (±0.10)	0.80

续表

采样地区	参考文献	白蚁种类	土壤 pH 值*		
			TM	SS	DV
坦桑尼亚	Mahaney et al. (1999)[187]	sp.	7.51	5.56	1.95
		sp.	7.12	5.59	1.53
	Ketch et al. (2001)[188]	*Macrotermes*. sp.	6.40	5.40	1.00
		Macrotermes. sp.	6.20	5.00	1.20
		Macrotermes. sp.	6.10	5.30	0.80
		Macrotermes. sp.	4.70	4.40	0.30
喀麦隆	Donovan et al. (2001)[189]	*Cubitermes. fungifaber*	4.26	4.08	0.18
		Cubitermes. fungifaber	5.02	4.51	0.51
		Cubitermes. fungifaber	5.77	5.52	0.25
		Cubitermes. fungifaber	5.73	5.86	−0.13
		Cubitermes. fungifaber	6.03	6.29	−0.26
几内亚	Jouquet et al. (2004)[190]	*Macrotermes. bellicosus*	5.38 (±0.12)	4.92 (±0.13)	0.46
加蓬	Roose–Amsaleg et al. (2004)[191]	*Cubitermes*. sp.	5.30 (±0.50)	4.90 (±0.20)	0.40
	Roose–Amsaleg et al. (2005)[192]	*Cubitermes*. sp.	5.41 (±0.37)	4.64 (±0.34)	0.77
科特迪瓦	Jouquet et al. (2005)[193]	*Ancistrotermes. cavithorax*	6.64 (±0.20)	6.53 (±0.32)	0.11
		Ancistrotermes. cavithorax	7.06 (±0.64)	6.82 (±0.30)	0.24
		Odontotermes. nr pauperans	6.92 (±0.39)	6.82 (±0.30)	0.10
布基纳法索	Brossard et al. (2007)[194]	*Trinervitermes. geminatus*	6.70 (±0.50)	6.60 (±0.60)	0.10
		Trinervitermes. trinervius	6.90 (±0.70)	6.40 (±0.30)	0.50
埃塞俄比亚	Debelo, Degaga (2014)[195]	*Macrotermes*. sp.	8.00	7.03	0.97
		Macrotermes. sp.	8.23	7.46	0.77
南非	Gosling et al. (2012)[196]	*Trinervitermes*. sp.	6.02	5.83	0.19
		Macrotermes. sp.	6.95	5.83	1.12
		Odontotermes. sp.	6.51	5.83	0.68
委内瑞拉	Salick et al. (1983)[197]	sp.	3.90	3.90	0.00
		sp.	4.30	3.50	0.80
	Lopez–Hernandez, Febres (1984)[198]	*Cubitermes*. sp.	6.70	5.70	1.00
		Macrotermes. bellicosus	6.10	5.80	0.30
		Trinervitermes. geminatus	7.30	6.50	0.80

续表

采样地区	参 考 文 献	白 蚁 种 类	土壤 pH 值*		
			TM	SS	DV
委内瑞拉	Lopez – Hernandez (2001)[199]	*Nasutitermes. ephratae*	5.60	4.80	0.80
美国	Nutting et al. (1987)[200]	*Gnathamitermes. perplexus*	7.60	6.80	0.80
		Heterotermes. aureus	7.90	6.80	1.10
巴西	Fageria, Baligar (2004)[201]	sp.	5.70	5.40	0.30
	Kaschuk et al. (2006)[202]	sp.	4.83 (±0.31)	4.55 (±0.07)	0.28
		sp.	4.27 (±0.15)	4.10 (±0.01)	0.17
		sp.	5.07 (±0.21)	5.23 (±0.22)	−0.16
		sp.	4.73 (±0.43)	4.48 (±0.08)	0.25
		sp.	4.80 (±0.33)	4.68 (±0.03)	0.12
	Ackerman et al. (2007)[203]	sp.	4.30	4.40	−0.10
	Sarcinelli et al. (2009)[204]	sp.	4.23	3.89	0.34
		sp.	4.99	3.98	1.01
		sp.	4.96	4.19	0.77
		sp.	5.26	4.78	0.48
澳大利亚	Park et al. (1994)[205]	*Drepanotermes. tamminensis*	5.18 (±0.06)	5.31 (±0.09)	−0.13
		Drepanotermes. tamminensis	4.67 (±0.04)	5.61 (±0.08)	−0.94
	Lee, Wood (1971)[206]	*Amitermes. hurensis*	5.50	6.60	−1.10
		Drepanotermes. rubriceps	5.50	6.40	−0.90
		Nasutitermes. exitiosus	4.30	4.90	−0.60
		Nasutitermes. triodiae	6.20	5.80	0.40
	Okello – Oloya et al. (1985)[207]	*Amitermes. sp.*	6.40	5.00	1.40
印度	Samra et al. (1979)[208]	*Odontotermes. wallonensis*	7.00	7.40	−0.40
	Gupta et al. (1981)[209]	*Odontotermes. gurdaspurensis*	8.50	8.70	−0.20
		Odontotermes. gurdaspurensis	8.40	8.50	−0.10
	Rao et al. (2013)[210]	*Odontotermes. obesus*	7.43 (±0.07)	6.67 (±0.20)	0.76
	Jouquet et al. (2016)[211]	*Odontotermes. obesus*	6.03 (±0.07)	6.23 (±0.13)	−0.20
		Odontotermes. obesus	6.55 (±0.11)	6.46 (±0.15)	0.09
伊朗	Gholami, Riazi (2012)[212]	sp.	7.94	7.71	0.23

续表

采样地区	参 考 文 献	白 蚁 种 类	土壤 pH 值*		
			TM	SS	DV
巴基斯坦	Sheikh, Kayani (1982)[213]	*Odontotermes. lokanandi*	7.60（±0.10）	7.40（±0.10）	0.20
		Odontotermes. obesus	7.90（±0.10）	7.70（±0.10）	0.20
		Amitermes. belli	7.50（±0.00）	7.50（±0.00）	0.00
		Anacanthotermes. macrocephalus	7.80（±0.10）	7.60（±0.10）	0.20
		Anacanthotermes. vagans	7.80（±0.10）	7.90（±0.10）	−0.10
		Coptotermes. heimi	7.20（±0.00）	7.20（±0.00）	0.00
		Heterotermes. indicola	6.90（±0.00）	6.90（±0.00）	0.00
		Microtermes. mycophagus	7.90（±0.10）	7.60（±0.10）	0.30
		Microtermes. obesi	7.70（±0.00）	7.80（±0.00）	−0.10
		Microtermes. unicolor	7.40（±0.10）	7.30（±0.10）	0.10
		Microcerotermes. heimi	8.10（±0.00）	8.10（±0.00）	0.00
		Microcerotermes. sakesarensis	7.60（±0.00）	7.60（±0.10）	0.00
		Odontotermes. gurdaspurensis	7.20（±0.00）	7.20（±0.10）	0.00

注　＊数值为平均值（±SD）；SD：标准偏差；sp：种类未知。TM：蚁巢土壤；SS：周边土壤；DV：TM 和 SS 之间的 pH 差值。

　　根据表 2.1 汇总的结果统计，蚁巢周边土壤的 pH 值分布频率如图 2.1 所示，结果表明，白蚁筑巢于弱酸－弱碱性土壤中，蚁巢周边土壤的 pH 值范围为 3.5～8.7；117 组数据中 pH 值小于 7 的约占 84％，平均值为 5.7；最高频带

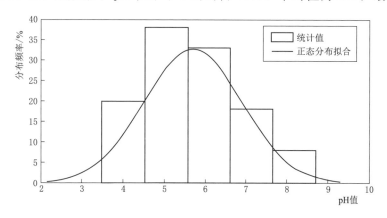

图 2.1　蚁巢周边土壤的 pH 值分布频率

pH 值范围为 4.5～5.5，占 38％。因此，统计结果支持了大多数白蚁对酸性土壤环境的偏好。蚁巢土壤的 pH 值分布频率如图 2.2 所示，分布范围为 3.7～8.6，与蚁巢周边土壤的 pH 值范围相当，但平均值更高，为 6.3。蚁巢和周边土壤之间的 pH 值差值分布频率如图 2.3 所示；76％的数据表明白蚁活动引起土壤 pH 值的升高；最高频带 pH 值差值范围为 0～0.5，占 48％。

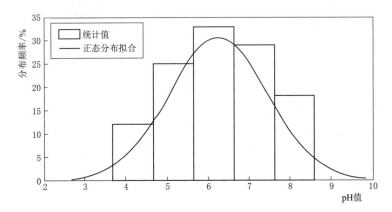

图 2.2　蚁巢土壤的 pH 值分布频率

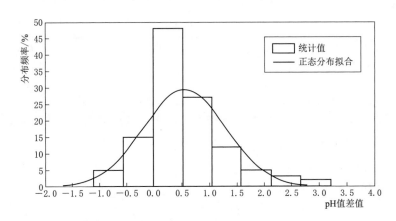

图 2.3　蚁巢和周边土壤之间的 pH 值差值分布频率

蚁巢和周边土壤的 pH 值的关系如图 2.4 所示，采用饱和增长率模型，对 117 组文献统计数据进行分析，建立如下双参数拟合公式，即

$$I_t = \frac{a_1 I_s}{a_2 + I_s} \tag{2.1}$$

式中　I_s——蚁巢周边土壤的 pH 值；

　　　I_t——蚁巢土壤的 pH 值；

a_1、a_2——饱和增长率模型参数。

当 $a_1=24$、$a_2=16$ 时，拟合结果的相关系数 $r=0.81$，表明式（2.1）具有较好的精确度。

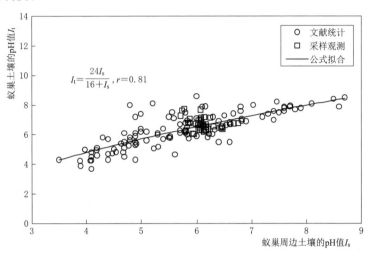

图 2.4　蚁巢和周边土壤的 pH 值的关系

2.2　钱塘江海塘典型区段白蚁调查

已查明的浙江省白蚁种类共计 4 科 17 属 59 种[214]，其中较常见的包括土白蚁属 *Odontotermes*、散白蚁属 *Reticulitermes* 和乳白蚁属 *Coptotermes*。对堤防形成强力破坏作用的主要是土栖性白蚁，其中以黑翅土白蚁 *Odontotermes formosanus* 为代表[14]。钱塘江是浙江的母亲河，而总长约 440km 的钱塘江海塘则是沿江浙江人民的生命线。传统认为，钱塘江海塘常年受潮水冲刷侵蚀，土质偏碱性，而白蚁适宜于酸性土壤环境，因此海塘一般不会遭受白蚁危害；然而，在 2000 年有关白蚁防治技术人员首次发现并证实了钱塘江海塘存在蚁患的事实。本节结合已有的资料和研究成果，对钱塘江海塘典型区段白蚁现场调查情况进行概述。

钱塘江海塘是防钱塘江潮汐之患而筑，它始建于 1700 多年前。本次现场调查的区段包括鱼鳞石塘和斜坡塘的上覆土层。鱼鳞石塘是明清时期在前人经验基础上改进形成的独特形式，结构完善，至今仍有约 40km 经过维修加固后处于临潮第一线[215]。砌石护面斜坡式土塘，大多是 20 世纪 60 年代以后，结合治江围涂新建的，一般为就地取土填筑，并按不同条件采用不同结构的护面，经短时期突击施工，早期土方以人力挑抬填充，后来多采用以水力机械为主的充填筑堤[215]。

现场调查发现，危害海塘的白蚁品种主要是黑翅土白蚁 *Odontotermes formosanus*，该白蚁是对浙江省水利工程危害最严重、最普遍的一种；其次是黄胸散白蚁 *Reticulitermes flaviceps*。散白蚁属由于其群落相对较小，一般在浅土层筑巢定居，补充性蚁后较多，且较分散，因而较难防治。黑翅土白蚁的主要危害表现为：

（1）群体大，其巢群中的个体数量可达 200 万个以上；每个蚁群遵循复杂的分工，包括蚁王和蚁后［图 2.5 (a)］、工蚁［图 2.5 (b)］、兵蚁、生殖蚁和幼虫。

（2）巢数多，其巢穴多的可达十几个，甚至数十个至近百个［图 2.5 (c)］。

（3）蚁道粗而广，在堤坝内纵横交错，甚至贯通于上下游。在蚁巢附近的地表分布有泥被［图 2.5 (d)］。

(a) 蚁王和蚁后   (b) 工蚁

(c) 巢穴   (d) 泥被

图 2.5　黑翅土白蚁巢穴[24]

根据海塘蚁患区及其蚁源区的泥线、泥被、分群孔和真菌指示物寻找白蚁蚁巢。在巢穴顶部到底部的不同位置进行土壤取样，在距蚁巢中心 2m 范围内，对周围无白蚁活动的土壤进行采样。采用电位法测土壤的 pH 值。以水为浸提剂，水土比例为 2.5∶1，将指示电极和参比电极浸入土壤悬浊液，构成一原电池，其电动势与悬浊液的 pH 值有关，通过测定原电池的电动势即可得到土壤的 pH 值。

2.3　现场采样土壤的 pH 值观测结果

海塘上覆土层主要由粉质土组成，砂粒组分 15％～25％，粉粒组分 60％～70％，黏粒组分 15％～25％。黑翅土白蚁 *Odontotermes formosanus* 和黄胸散白蚁 *Reticulitermes flaviceps* 巢穴及其周边土壤的 pH 值见表 2.2。结果表明，白蚁主巢土壤的 pH 值较周边土壤要高（$P \leqslant 0.05$），白蚁主巢土壤的 pH 值范围为 6.03～7.74，周边土壤 pH 值范围为 5.71～6.76，这与 2.1 节统计的结果趋势一致（图 2.4）。大体上，黄胸散白蚁主巢土壤的 pH 值比黑翅土白蚁主巢土壤的 pH 值高，其蚁巢和周边土壤的 pH 值差值较黑翅土白蚁要大。

表 2.2　　　　白蚁巢穴及其周边土壤的 pH 值采样观测结果

种　类	采样地点	pH 值		TN－SS	T－Value
		TN	SS		
黑翅土白蚁 *Odontotermes formosanus*	鱼鳞石塘	6.52（±0.36）[6.07－7.19]	6.10（±0.16）[5.85－6.47]	0.43	3.25*
	斜坡塘	6.44（±0.29）[6.03－7.08]	6.06（±0.19）[5.81－6.42]	0.38	3.04*
黄胸散白蚁 *Reticulitermes flaviceps*	鱼鳞石塘	6.95（±0.43）[6.44－7.69]	6.18（±0.26）[5.74－6.68]	0.78	3.95*
	斜坡塘	6.86（±0.39）[6.53－7.74]	6.14（±0.30）[5.71－6.76]	0.71	3.60*

注　TN：蚁巢土壤；SS：周边土壤；＊在 5％水平上显著（$P \leqslant 0.05$）；pH 值是平均值（±SD）[最小值－最大值]；SD：标准差；T－Value：组间差异与组内差异的比值。

经过调查后发现，没有遭受白蚁侵害的堤段主要有：①20 世纪 60 年代及以后取用滩涂盐土进行建筑的围堤，如杭州四格围堤、乔司三号大堤、萧山围堤、海盐的场前围堤；②黄家埝围堤等及老土质堤坝的堤身用滩涂盐土进行加固的堤段；③老土质堤坝在台风暴潮期间波浪越堤后海水进入堤内坡的堤段，如海盐县的独山东侧段。表 2.3 为钱塘江北岸海塘的典型无白蚁区段取土，进行 pH 值分析的结果。结果表明，无白蚁土体活动土壤的 pH 值范围为 8.12～8.94，pH 值远大于已有发现的黑翅土白蚁蚁巢及周边土壤的 pH 值。

表 2.3　　　　白蚁未侵入土壤的 pH 值

采样地点	pH 值	采样地点	pH 值
鱼鳞石塘	8.46（±0.19）[8.28－8.94]	斜坡塘	8.51（±0.25）[8.12－8.85]

注　pH 值是平均值（±SD）[最小值－最大值]；SD：标准差。

2.4 本章小结

本章围绕国内外学者在白蚁巢穴土壤 pH 值特性方面的研究成果和钱塘江海塘典型区段白蚁调查的结果，分析了白蚁对环境 pH 值的选择性，主要得到以下一些结论：

（1）研究表明，大多数白蚁喜好偏酸性的土壤环境，且大多数白蚁的活动导致了土壤 pH 值的增长。

（2）采用饱和增长率模型，对 117 组文献统计数据进行分析，建立了蚁巢和周边土壤的 pH 值关系的双参数拟合公式。

（3）根据白蚁对土壤 pH 值的选择性，构建合理的盐土屏障，能有效地降低白蚁危害。

第 3 章

白蚁通道大孔隙流室内土柱
试验与模拟

　　堤坝白蚁的蚁巢是地下分散型的，整个蚁巢都修筑在堤身内部，多位于土质堤坝浸润线以上，并有蚁路由背水坡穿过坝体到迎水坡，当水库水位上涨时，蚁路便成为大孔隙流通道，形成堤坝隐患。本章结合堤坝白蚁巢穴结构的主要特点，采用自主设计的室内土柱试验装置，利用重塑土和人造大孔隙构造白蚁通道，基于土柱渗透试验，研究白蚁通道对周围土壤中水盐运移的影响，提出其大孔隙流水盐运移的数值模拟方法，并进行可行性验证，为研究现场尺度的白蚁巢穴的稳定性及水盐运移规律提供一种数值化的模拟手段。

3.1　堤坝蚁穴的大孔隙构造单元

　　野外调查表明，一般汛前，土栖白蚁会在堤坝浸润线以上的覆土层掘土筑巢，在蚁巢附近区域的泥面上会发现保护性的泥被。具体的蚁穴结构因其埋藏深度和营造时间的不同而有所不同。尽管如此，每个土栖白蚁的巢穴系统大致包括三个主要构造单元：主巢、菌圃和蚁道。

　　(1) 主巢是蚁后、蚁王居住的地方，土栖白蚁一般只有一个位于巢穴系统中央的主巢。主巢表面呈黄褐色，呈不规则球形，长 30～120cm，宽 30～80cm，高 20～60cm。主巢一般位于堤顶泥面以下 1～3m、迎水坡和背水坡水平距离的 1/2～2/3 处。成年蚁穴主巢为层叠多腔结构，一般由数层菌圃相叠而成，层间有泥质骨架支撑。蚁王与蚁后所居的王室就修建在泥质骨架相对较厚的地方，王室菌圃宽 5～15cm，高 1～3cm。主巢土壤含水量为 35％～45％。

（2）菌圃是白蚁活动的场所，一般在距主巢 1～10m 范围内分布有 5～50 个菌圃，而且主巢周围的菌圃大而密，离主巢相对远者小而疏。菌圃长 5～20cm，宽 2～15cm，高 1～10cm，形态上呈扁半球状。作为真菌生长的基质，菌圃是培养真菌食料的地方，菌圃之间有蚁道相贯通，并以此延伸出蚁道通往堤身各处以利于白蚁寻食活动。每个菌圃都具有海绵层状结构，是整个蚁群粮食储存、真菌培养及虫卵孵化的地方。

（3）蚁道是连接白蚁巢穴系统中主巢和菌圃的主要运输通道。蚁道一般为拱形廊道状，等效直径为 1～6cm。堤坝白蚁的大型蚁道在横截面上可贯穿整个堤身迎水坡和背水坡，在纵向上可沿堤延伸 100m 以上，且沿途与取食道、汲水道及堤坝内外坡相通，构成了纵横交错的地下蚁穴系统。从水力学特性来看，与具有填充物质的主巢和菌圃相比，蚁道中空，内壁光滑，稳定性好，是白蚁通道大孔隙流的主要传输单元。

3.2 室内试验装置及步骤

3.2.1 试验装置

室内试验采用如图 3.1 所示的土柱试验装置。利用重塑土和人造大孔隙构造含白蚁通道的土柱，模拟水分和盐分的垂向入渗过程。试验装置包括试验土柱、人造大孔隙和测量系统三个部分。

试样土柱为高 100cm、内径 30cm 的半圆柱有机玻璃腔体。土柱的顶部和底部布置有 3cm 厚的石英砂滤栅。石英砂滤栅与填充土之间垫以定性滤纸，以免填充土进入上部的常水头水层和下部的集液瓶中。人造大孔隙是在外径 10mm、内径 8mm 的半圆柱形有机玻璃管上用直径 1mm 的钻头间距 2mm 的过水孔。为防止填充土进入 PVC 管堵塞人造大孔隙，在管的顶部、底部和周围用筛孔尺寸 0.075mm（200 目）的铜纱网裹住。

土柱上部有进水口和排水溢流口，下部有基质和人造大孔隙的出流口及排气口。如图 3.2 所示，在 $z=10$cm、$z=30$cm、$z=50$cm、$z=70$cm 和 $z=90$cm 断面布置孔压力传感器探头，根据入土深度的不同，分别记录交换区 $r=2.5$cm、基质土壤 $r=7.5$cm 和近壁区 $r=12.5$cm 的孔隙水压力变化。在 $z=70$cm 和 $z=$

90cm 断面之间均匀布置 5 个盐分传感器探针，记录入渗过程中盐分的变化。

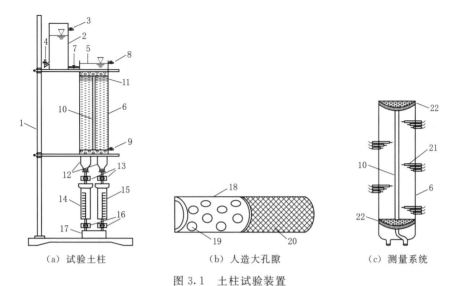

（a）试验土柱　　　　　（b）人造大孔隙　　　　　（c）测量系统

图 3.1　土柱试验装置

1—支架；2—马氏瓶；3—马氏瓶进水口；4—马氏瓶透气口；5—常水头水层；6—土柱；7—土柱
进水口；8—排水阀；9—排气阀；10—人造大孔隙；11—掺盐区；12—集液瓶；13—单向阀；
14—基质出流量水器；15—大孔隙出流量水器；16—止回阀；17—回水箱；18—半圆柱形
PVC 管；19—过水孔；20—透水铜纱网；21—传感器量测系统；22—石英砂滤栅

3.2.2　试验步骤

1. 基质土壤填装

结合白蚁调查的结果，针对典型区段，现场采用铁皮取土筒取土。实验室内选择代表性的原状土试样测定初始含水量、比重、颗粒级配、渗透系数等。由于原状土样的不均匀性，试验结果离散形会较大，填充土柱采用重塑土。首先将原状土试样切成碎块，拌和均匀，经过风干、破碎和过孔径 1mm 的筛。然后采用分层击实法填充成样。按初始含水量和容重计算每层装填的土量，每次装入土样后利用夯土器击实，使土层至事先计算标定好的刻度线。为了保持土体密度的均匀性，将击实好的土层表面抛毛后进行下一层土样的填充。预留掺盐区空间（厚 5cm），关闭单向阀，使土柱饱水后静置 12h；打开单向阀，让水自由渗出 12h。

2. 掺盐土壤填装

称取一定重量的风干土样在烘箱中于 120℃下烘烤 12h，然后碾碎，过孔径 1mm 的筛，按照初始含水量计算水量和用盐量，配制 NaCl 在土壤液相中的浓度为 $1mmol/cm^3$ 的盐土。将土样充分拌和后，用薄膜覆盖防止水分蒸发，放置

12h 使土颗粒均匀不起团。将处理好的盐土分层装入土柱掺盐区，关闭单向阀，打开土柱排气阀，负压调整初始水头后关闭。

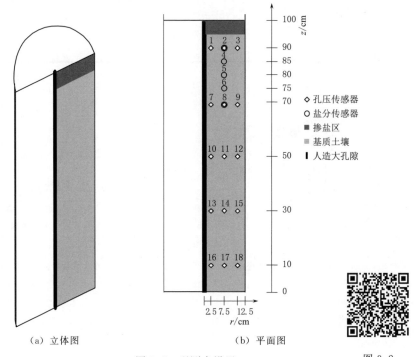

（a）立体图 　　　　　（b）平面图

图 3.2　观测点设置　　　　　图 3.2

3. 供水准备

为了使试验中土柱进水端的水位保持不变，在进水端采用马氏瓶供水。该装置能实现自动补水，使水位保持不变（$h=3$cm），同时可以测出补水量。安装马氏瓶时，须将马氏瓶进气口与土柱顶面水位边缘相平齐。打开单向阀，关闭止回阀，完成试验供水准备。

4. 试验观测

启动传感器量测系统，打开土柱进水口，同时用秒表记录试验开始的时间，每 10min 读取一次马氏瓶的水位、基质出流量水器的水位和大孔隙出流量水器的水位，换算成入渗量和出流量。观察压力传感器读数，当土柱基本饱和后，不再人工记录各水量变化，打开止回阀，继续保持试验供水状态，至 2d 后结束，关闭供水系统和传感器量测系统。

3.2.3　注意事项

（1）装土时要保证层与层之间接触良好，以免在入渗时出现分层的现象，影响试验结果；试验要求整个系统的密封性能要好，在试验开始之前，一定要详细检查整个试验装置。

（2）试验供水时要保证马氏瓶系统的水量，否则会影响试验结果，造成较大的偏差；要注意基质出流量水器和大孔隙出流量水器的液面，通过开关上下两个阀门，适时清空。

（3）土柱的顶部要防止入渗水流对土壤层的冲刷，底部出水口要防止土壤堵塞；增加试验组次，尽量减少试验的不确定性。

3.3 土柱试验水盐运移数值模型

3.3.1 控制方程

在假定填充土壤均质、各向同性的条件下，土柱水盐运移可以看作是沿竖直方向轴对称的三维入渗。

1. 土壤水分运移方程

土壤水分运移方程采用轴对称的 Richards 方程[216]，即

$$\frac{\partial \theta}{\partial t} = \frac{1}{r} \frac{\partial}{\partial r}\left[rK(h)\frac{\partial h}{\partial r}\right] + \frac{\partial}{\partial z}\left[K(h)\frac{\partial h}{\partial z}\right] + \frac{\partial K(h)}{\partial z} \tag{3.1}$$

式中　t——时间，s；

　　　h——压力水头，m；

　　　θ——土壤体积含水量，m^3/m^3；

　　　K——非饱和水力传导系数，m/s；

　　　r——径向坐标值，m；

　　　z——垂向坐标值，m。

2. 土壤溶质运移方程

溶质在土壤中运移时一般同时发生着物理过程、化学过程和生物过程，本书中仅考虑溶质在土壤中的物理过程，即土壤溶质的运移采用对流-弥散方程[217]：

$$\frac{\partial \theta c}{\partial t} = -\nabla \cdot (\boldsymbol{q} c - \theta \boldsymbol{D} \nabla c) \tag{3.2}$$

式中　c——土壤中的溶质浓度，kg/m^3；

　　　∇——矢量微分算子，m^{-1}；

　　　$\boldsymbol{q}$——单位体积流量密度张量，$m^3/(m^2 \cdot s)$；

　　　$\boldsymbol{D}$——弥散张量，m^2/s。

可以表示为[218]

$$\theta \boldsymbol{D} = \theta D_{ij} = D_T \mid q \mid \delta_{ij} + (D_L - D_T) \frac{q_i q_j}{\mid q \mid} + \theta D_d \tau \delta_{ij} \qquad (3.3)$$

式中 D_{ij}——弥散张量分量，$\mathrm{m^2/s}$；

       D_L——纵向弥散度，m；

       D_T——横向弥散度，m；

       D_d——自由水中的分子扩散系数，$\mathrm{m^2/s}$；

       q——单位体积流量密度，$\mathrm{m^3/(m^2 \cdot s)}$；

       τ——弯曲因子。

3. 土壤水分特征曲线

土壤水分特征曲线和非饱和水力传导率采用 van Genuchten 模型表示[219]，即

$$\theta(h) = \begin{cases} \theta_r + \dfrac{\theta_s - \theta_r}{(1 + \mid \alpha h \mid^n)^m} & h < 0 \\ \theta_s & h \geqslant 0 \end{cases} \qquad (3.4)$$

$$K(\theta) = K_s S_e^l \left[1 - (1 - S_e^{1/m})^m \right]^2 \qquad (3.5)$$

$$S_e = \frac{\theta - \theta_r}{\theta_s - \theta_r} \qquad (3.6)$$

式中 θ_s——土壤饱和体积含水量，$\mathrm{m^3/m^3}$；

       θ_r——土壤残余体积含水量，$\mathrm{m^3/m^3}$；

       K_s——土壤饱和渗透系数，m/s；

       α——经验参数，$\mathrm{m^{-1}}$；

       l——经验参数，取为 0.5；

       n——经验参数，$n > 1$；

       m——经验参数，$m = 1 - 1/n$。

3.3.2 模拟区域

根据已确定好的土壤水盐运移模型，针对白蚁通道大孔隙流室内土柱试验，在 HYDRUS 数值平台中建立如图 3.3 所示的模拟区域。在人造大孔隙区域和土柱的表面进行精细离散，离散步长为 0.1cm；在远离大孔隙和土柱表层区域稀疏离散；按轴对称问题考虑，仅对大孔隙纵剖面的右侧进行模拟。

3.3.3 初始条件和边界条件

（1）初始水头。

$$\begin{cases} h(r, L, 0) = h_1 \\ h(r, 0, 0) = h_2 \end{cases} \qquad (3.7)$$

式中　L——土柱长度，m；

　　　h_1——土柱表层初始水头，m；

　　　h_2——土柱底部初始水头，m。

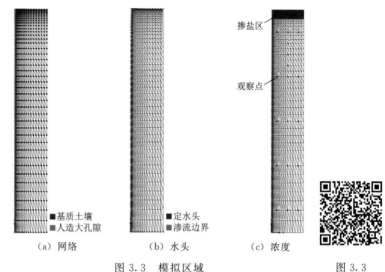

　　　（a）网络　　　　　　（b）水头　　　　　（c）浓度

图 3.3　模拟区域　　　　　　　　　图 3.3

（2）初始浓度。

$$\begin{cases} c(r,z,0)=c_0 & L-\Delta L < z \leqslant L \\ c(r,z,0)=0 & \text{其他} \end{cases} \quad (3.8)$$

式中　ΔL——掺盐区厚度，m；

　　　c_0——掺盐区土壤中的溶质初始浓度，kg/m^3。

（3）顶边界条件。

$$h(r,L,t)=h_0 \quad (3.9)$$

式中　h_0——定压水头，m。

（4）渗透面边界条件。

$$\begin{cases} q(r,0,t)=0 & h(r,0,t)<0 \\ h(r,0,t)=0 & \text{其他} \end{cases} \quad (3.10)$$

上式代表渗透面边界条件。

3.3.4　模型参数

　　根据试验土壤的颗粒级配组成和干密度，采用 HYDRUS 软件中自带的 Rosetta pedotransfer 方程预测土壤水分特征参数[220]。同时采用变水头法测定的基质土壤饱和渗透系数，然后结合相关文献，利用试错法对参数进行微调。最终确定的基质土壤和人造大孔隙水分特征参数见表 3.1。

表 3.1 基质土壤和人造大孔隙水分特征参数

模型参数	基质土壤	人造大孔隙	模型参数	基质土壤	人造大孔隙
土壤残余体积含水量 θ_r /(m³/m³)	0.02	0	土壤组分/%	—	—
土壤饱和体积含水量 θ_s /(m³/m³)	0.42	0.40	砂粒	19	—
经验参数 α/m⁻¹	0.3	2	粉粒	61	—
经验参数 n	1.3	4	黏粒	20	—
经验参数 l	0.5	0.5	干密度 ρ_d/(g/cm³)	1.35	—
土壤饱和渗透系数 K_s /(m/d)	0.0108	540			

对于人造大孔隙，当采用 HYDRUS 建模时，将其认为是具有超高导水能力的粗纹理介质而不是真正的孔隙，以便于 Richards 方程能同时应用于基质土壤域和大孔隙域[221]。因此，可以选择一个相对基质土壤略小的饱和体积含水量值，并假设残余体积含水量等于 0。理论上，需要无穷大的 n 来表示大孔隙通道中的含水量快速地从饱和体积含水量下降到残余体积含水量的特性；但为了减少数值误差和不稳定性，假设经验参数 $\alpha=2$ 和 $n=4$。本节数值计算结果表明，当人造大孔隙的土壤饱和渗透系数大于 500m/d 时，对计算域基质土壤盐分的输移影响已经很小，结合土柱试验的结果，文中取基质土壤的 5×10^4 倍，即 540m/d。

溶质的运移模拟中，不考虑溶质的相互反应和吸附作用，利用自由水中的分子扩散系数 D_d 和溶质的纵向、横向弥散度 D_L 和 D_T，确定水动力弥散系数。室温下，溶质的扩散系数取 $D_d=8.99\times10^{-5}$ m²/d[222]。根据 Gelhar[223] 经验法则，纵向弥散度与研究尺度或渗流路径的长度有关。Schulze - Makuch[224] 通过大量的文献统计分析，建立了溶质的纵向弥散度与渗流路径特征长度的关系，即

$$D_L = 0.085 L_s^{0.81} \tag{3.11}$$

式中 L_s——渗流路径特征长度，m。

根据 Bear[218] 的研究，横向弥散度 D_T 为

$$D_T = 0.1 D_L \tag{3.12}$$

本书中，最终确定的 D_L 和 D_T 分别为 0.085m 和 0.0085cm。

3.3.5 模型检验

将模型计算值与试验结果进行统计参数分析，以验证模型的可行性。主要统计参数如下：

（1）均方根误差 RMSE。

$$\text{RMSE} = \sqrt{\frac{1}{N}\sum_{i=1}^{N}(P_i - O_i)^2} \tag{3.13}$$

式中　N——实测值个数；

　　O_i——第 i 个实测值；

　　P_i——与第 i 个实测值 O_i 对应的模拟值。

当 RMSE 越趋近于 0，模拟值和实测值的误差越小，模型的模拟效果越好。

（2）标准均方根误差 NRMSE。

$$NRMSE = \frac{\sqrt{\frac{1}{N}\sum_{i=1}^{N}(P_i-O_i)^2}}{\overline{O}} \tag{3.14}$$

式中　$\overline{O}$——实测值的平均值。

当 NRMSE 的值小于 0.1 时，则模拟值和实测值之间的一致性非常好；当 NRMSE 的值为 0.1～0.2 时，一致性为较好；0.2～0.3 时，一致性为一般；当 NRMSE 的值大于 0.3 时，则认为模拟值和实测值之间的偏差较大。

（3）Nash - Sutcliffe 模型效率系数 E[225]。

$$E = 1 - \frac{\sum_{i=1}^{N}(P_i-O_i)^2}{\sum_{i=1}^{N}(O_i-\overline{O_i})^2} \tag{3.15}$$

式中，E 值的变化范围在 $-\infty$ 和 1 之间；当 $E=1$ 时，表明模拟值和实测值吻合很好；当 $E=0$ 时，表明模拟值和实测值的平均值具有一致性；当 $E<0$ 时，表明模型不能很好地模拟实测情况。因此，RMSE 和 NRMSE 越小，E 越接近于 1，表明数值模拟的效果越好。

3.4　结果与讨论

3.4.1　模型验证

为了说明 HRDRUS 模拟白蚁通道大孔隙流的有效性，利用室内土柱试验获得的数据来进行模型验证，对比马氏瓶总入渗量、土柱总出流量、大孔隙出流量、基质土壤出流量、测点压力水头、土壤 NaCl 浓度的模拟值和实测值，微调模型参数。马氏瓶入渗量和土柱出流量模拟结果与观测结果如图 3.4 所示，负值表明进入计算域。结果显示，马氏瓶入渗量和土柱出流量随时间增大，基本与时间成正比例关系，土柱出流量较马氏瓶入渗量要略小，后期两者差值基本稳定；数值模拟结果与土柱试验观测值吻合较好。

土柱大孔隙和基质土壤出流量模拟结果与观测结果如图 3.5 所示。结果表明，尽管人造大孔隙的截面积仅占土柱截面积约 1‰，但累积大孔隙出流量占土柱底部累积出流量的 80% 以上,优先流特征显著;数值模拟结果与土柱试验观测值基本一致。

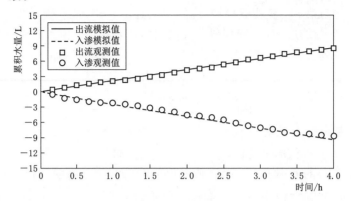

图 3.4 马氏瓶入渗量和土柱出流量模拟结果与观测结果

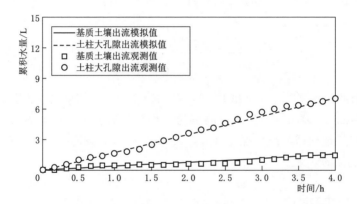

图 3.5 土柱大孔隙和基质土壤出流量模拟结果与观测结果

各测压点压力水头模拟结果与观测结果如图 3.6 所示。结果表明,随着时间的增加各测压点初始负压消散,逐步向稳定的压水头增长,测点越靠近土柱顶面($z=100cm$),压力增长的速度越快;受大孔隙优先流的影响,靠近人造大孔隙($r=2.5cm$)的 P01、P07、P10、P13 和 P16 测点,初始阶段压力增长速度显著大于近壁处的 P03、P09、P12、P15 和 P18 测点。各测点压力水头数值模拟结果与土柱试验观测值在趋势上比较一致。

土壤 NaCl 浓度模拟结果与观测结果如图 3.7 所示。与压力水头相比,土壤 NaCl 浓度的变化相对平缓。掺盐区以外,土壤初始 NaCl 浓度为 0。试验开始后,掺盐区受到清水以定水头方式的淋洗,盐分开始向土柱下部运移。C02 位于 $z=90cm$ 断面的中心,土壤 NaCl 浓度在 $t=30h$ 时达到峰值,然后开始缓慢下降。C04、C05、C06 和 C08 随着离掺盐区距离的增加，盐分峰到达的时间增长；由于大孔隙的存在，大部分溶质被快速运移到底部出流，盐分稀释更明显。土壤 NaCl 浓度数值模拟结果与土柱试验观测值在趋势上基本一致。

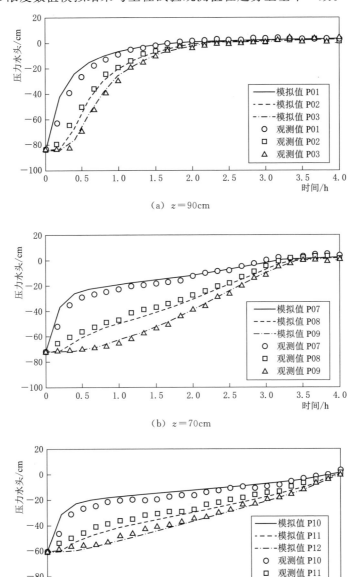

（a）$z=90\text{cm}$

（b）$z=70\text{cm}$

（c）$z=50\text{cm}$

图 3.6（一）　各测压点压力水头模拟结果与观测结果

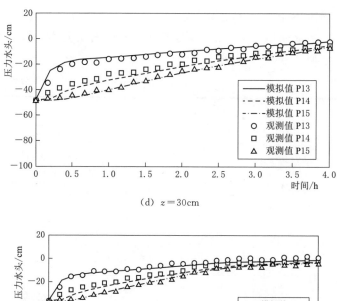

(d) $z=30\text{cm}$

(e) $z=10\text{cm}$

图 3.6（二） 各测压点压力水头模拟结果与观测结果

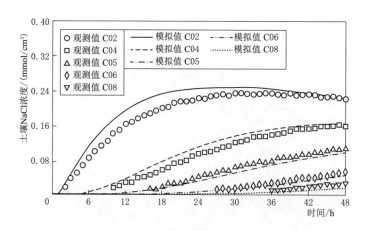

图 3.7 土壤 NaCl 浓度模拟结果与观测结果

模型验证效果评价参数统计见表 3.2。结果表明，马氏瓶总入渗量、土柱总出流量、大孔隙出流量、基质土壤出流量、测点压力水头、土壤 NaCl 浓度均方根误差 RMSE 较小；各统计量的 Nash - Sutcliffe 模型效率系数 E 为 $0.89 \sim 0.98$；马氏瓶总入渗量、土柱总出流量和大孔隙出流量的标准均方根误差 NRMSE 小于 0.1，表明其模拟结果和实测结果的一致性非常好；基质土壤出流量、测点压力水头、土壤 NaCl 浓度 NRMSE 为 $0.1 \sim 0.2$，表明三者模拟结果和实测结果的一致性较好。总体来看，本书提出的基于 HYDRUS 的大孔隙流水盐运移的数值模拟方法是有效的，可为研究现场尺度的白蚁巢穴的稳定性及水盐运移规律提供一种数值化的模拟手段。

表 3.2　　　　　　　　　　　模型验证效果评价参数统计

统　计　量	RMSE	NRMSE	E
马氏瓶总入渗量	0.36	0.08	0.96
土柱总出流量	0.16	0.04	0.97
大孔隙出流量	0.21	0.06	0.98
基质土壤出流量	0.15	0.19	0.89
测点压力水头	2.69	0.15	0.94
土壤 NaCl 浓度	0.02	0.16	0.95

3.4.2　溶质淡化机理

为了更好地分析白蚁通道大孔隙流土柱试验中掺盐区的盐分淡化机理，在数值模拟中，将计算时间延长到 2 周，得到每天土柱中溶质的浓度分布如图 3.8 所示。

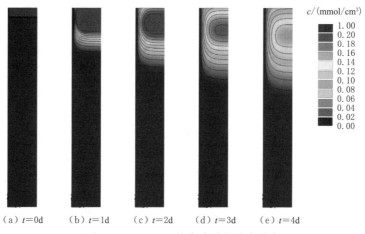

$c/(\text{mmol/cm}^3)$

1.00
0.20
0.18
0.16
0.14
0.12
0.10
0.08
0.06
0.04
0.02
0.00

（a）$t = 0\text{d}$　　（b）$t = 1\text{d}$　　（c）$t = 2\text{d}$　　（d）$t = 3\text{d}$　　（e）$t = 4\text{d}$

图 3.8（一）　土柱中溶质的浓度分布

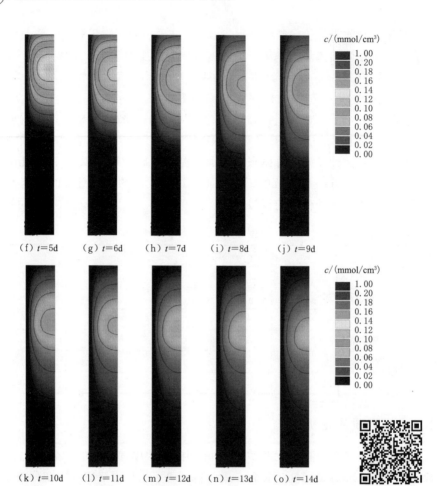

图 3.8（二）　土柱中溶质的浓度分布　　　　图 3.8

从图 3.8 中可以看出，随着时间的增加，基质土壤中的溶质逐渐以活塞方式向土柱的下部运移；由于大孔隙水流的稀释作用，能快速地将基质土壤中的溶质淋洗后传导到土柱底部出流。因此，随着时间的增加，溶质向下穿透的速度降低，峰值也显著减小。在 $z=90cm$、$z=85cm$、$z=80cm$、$z=75cm$ 和 $z=70cm$ 断面，分别于大孔隙通道中 $r=0.25cm$ 和基质土壤中 $r=7.5cm$ 处选择观察点，得到溶质的浓度随时间的变化曲线如图 3.9 所示。在基质土壤中，随着深度的增加，浓度曲线峰值降低，到达峰值所用的时间增加，溶质淡化的速度减弱，使浓度曲线呈现不对称性和拖尾现象。在大孔隙通道中，由于优先流的作用浓度先迅速增加后再缓慢下降，浓度峰值到达的时间非常快，但峰值相当低，且峰值在不同深度基本一致；随着深度的增加，溶质淡化的速率减弱。

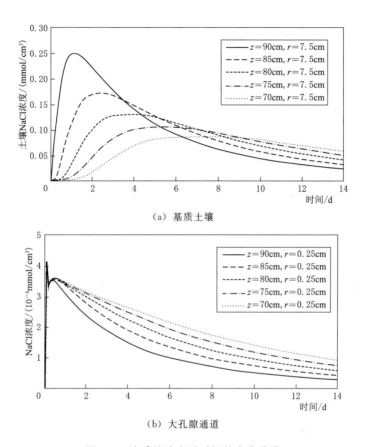

（a）基质土壤

（b）大孔隙通道

图 3.9 溶质的浓度随时间的变化曲线

3.5 本章小结

本章通过白蚁通道大孔隙流室内土柱试验，分析了大孔隙优先流的运移特点；在此基础上采用 HRDRUS 软件，对试验结果进行了模拟，并进行了可行性验证，主要得到以下一些结论：

（1）HRDRUS 模拟获得的马氏瓶总入渗量、土柱总出流量、大孔隙出流量、基质土壤出流量、测点压力水头、土壤溶质浓度的模拟值和实测值吻合较好。模型检验统计指标均在可接受范围内，均方根误差相对较小；标准均方根误差为 0.04～0.19，模拟结果和实测结果的一致性比较好；模型效率系数为 0.89～0.98。结果表明：本书提出的基于 HYDRUS 的大孔隙流水盐运移的数值模拟方法是有效的，可为研究现场尺度的白蚁巢穴的稳定性及水盐运移规律提供一种数值化的模拟手段。

（2）白蚁通道大孔隙流的优先流特征显著，在土柱试验中人造大孔隙的截面积仅占土柱截面积约 1‰，但累积大孔隙出流量占土柱底部累积出流量的 80% 以上。

（3）由于白蚁通道大孔隙的存在，基质土壤中的溶质运移曲线具有不对称性和拖尾现象。随着深度的增加，溶质逐渐以活塞方式向下运移，浓度曲线峰值降低，到达峰值所用的时间增加，溶质淡化的速度减弱。

第 4 章

堤坝蚁穴系统的水力特点
及稳定性研究

　　白蚁对水利堤坝的危害非常严重,是引发堤溃坝跨安全事故的罪魁祸首之一。白蚁对堤坝的直接性威胁是在土质堤坝内挖掘的四通八达的蚁道和主巢腔及众多的菌圃腔。考虑堤坝浸润线的位置、蚁穴通道的空间分布情况及组成部分的相互连接关系,基于非饱和多孔介质渗流理论,采用数值模拟的方法,研究不同堤坝蚁穴系统结构的水力性状,分析堤坝内土体孔隙水压力的分布特点,并对堤坝稳定性进行评价。研究成果从水力学和岩土工程的角度,论证了堤坝蚁穴系统的水力致灾机理,可为堤坝工程的除险加固和白蚁防治提供参考依据[226]。

4.1　堤坝蚁穴系统的三维结构特征与分类

4.1.1　堤坝蚁穴系统的三维结构特征

　　白蚁是巢居生活的昆虫,蚁巢是白蚁群居生活的大本营。蚁巢的结构形式会因白蚁种类、筑巢地点、生存环境差异而不同。根据各类白蚁的不同习性以及蚁巢的修建地点可分为地下巢、地上巢、木栖巢、土栖巢和寄生巢五种。典型蚁穴系统的三维结构如图 4.1 所示。

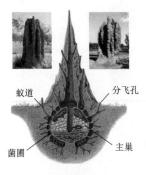
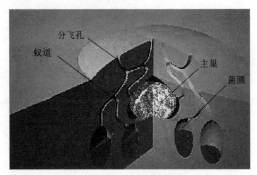

（a）非洲白蚁丘 　　　　　　　　　　（b）土栖巢三维结构

图 4.1　典型蚁穴系统的三维结构

非洲热带稀树大草原上常见的白蚁丘如图 4.1（a）所示，包括地下和地上两部分。白蚁丘内部有许多通道和隔室，不仅具有保护白蚁群体免受外敌侵害的作用，而且能提供一个适于白蚁生活的稳定环境。如图 4.1（b）所示，典型土栖白蚁的蚁巢也具有非常复杂的三维结构，由主巢、菌圃（副巢）等腔体部分和主蚁路、取食道、取水道及通风排湿道等通道部分构成。这些腔体和通道及其周围土体的工程性能差异较大，一起组成了有别于围护土体的复杂蚁穴系统。

一般通过直接开挖可以准确得到堤坝蚁穴系统的结构组成，蔡邦华等[12] 通过大范围逐层剥土开挖的方法，研究了一个典型堤坝巢穴系统的多腔巢区结构。该蚁巢位于高 2.5m 的土质堤坝内，整个蚁巢区域的平面分布范围为 4m×3m，占 50～60m³ 的空间；除主巢外，还包含 47 个卫星菌圃。主巢的长径、短径和高度分别为 102cm、80cm 和 90cm，入土深度为 100cm。47 个卫星菌圃在主巢周围非均匀分布，其平均长径约 25cm，其中空腔 16 个。本书利用蔡邦华等[12] 提供的现场实测数据，重构典型堤坝蚁穴系统的三维结构，如图 4.2 所示。

图 4.2 表明，卫星菌圃多集中在主巢的周围，但基本不会分布在主巢的正上方。该堤坝蚁穴系统的三维结构沿坐标轴平面投影的热力图如图 4.3 所示。从图上可以看出，75% 的卫星菌圃分布在离主巢 1m 的范围内，只有 8.5% 的卫星菌圃离主巢的距离大于 2m。从立面上看，位于主巢顶部水平线以上的卫星菌圃为 18 个，位于主巢底部水平线以下的卫星菌圃也为 18 个，但下层的卫星菌圃聚集性更显著。卫星菌圃通过主蚁道与主巢串联沟通，贯穿堤坝的迎水坡和背水坡，立面上具有线性分布的特点。从平面和侧面投影图上看，分散辐射性更突出。白蚁主巢及菌圃的分布趋势在堤坝内表现为垂向线性下移与由坡面水平辐射两种方式，因而使成年蚁巢的结构具有复杂多样性。

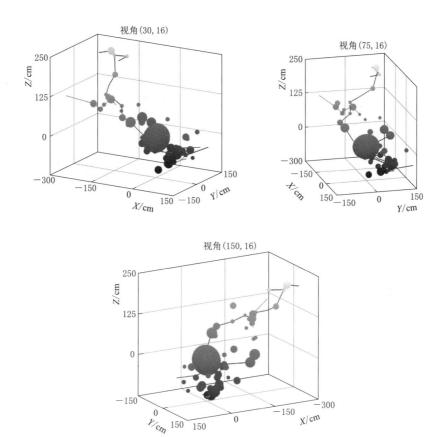

图 4.2　堤坝蚁穴系统的三维结构

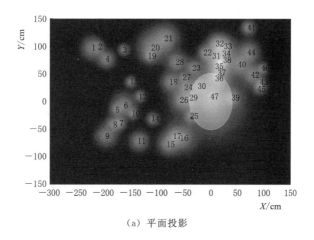

（a）平面投影

图 4.3（一）　堤坝蚁穴系统的三维结构沿坐标轴平面投影的热力图

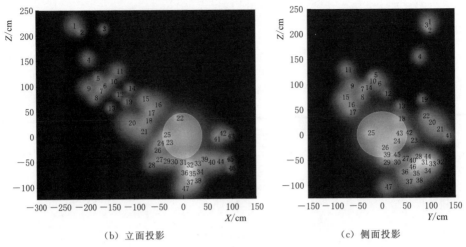

(b) 立面投影　　　　　　　　　(c) 侧面投影

图 4.3（二）　堤坝蚁穴系统的三维结构沿坐标轴平面投影的热力图

4.1.2　堤坝蚁穴系统的分类

　　成年土栖白蚁的蚁巢中大孔隙通道一般连通堤坝背水坡和迎水坡，当汛期水位上涨时，河水便从堤坝迎水坡进入蚁道，流经主巢和副巢，经蚁道、蚁路再从背水侧流出，形成一条贯穿堤坝的渗漏通道。如图 4.4 所示，结合现场调查的结果，根据蚁道和主巢的连通性关系，将堤坝土栖白蚁的成年蚁巢分成三种概化模型，即直通式、虹吸式和串联式，简称 3S 模型。

　　直通式结构［图 4.4（a）］的特点是在主巢底面以下存在直通蚁道贯穿堤坝的迎水坡和背水坡，并与主巢连通。在这种结构中，直通的主蚁道一般直径较大，渗流路径相对较短。上游迎水坡的进口高于下游背水坡的出口，利于蚁道直接排水。当洪水位超过直通蚁道的进口时，水流将沿通道排出；随着水位的升高，流量逐渐增大。随后大流速的冲刷作用会导致通道内部和表面的侵蚀，进而降低土质堤坝的稳定性。

　　虹吸式结构［图 4.4（b）］的特点是主巢顶面以上存在穿过堤顶表土层的蚁道，连接迎水坡和背水坡，并与主巢连通。这种结构具有虹吸管的水力特性，只有当通道充满水时才会排水。沿下游背水坡的蚁道顶部与自由出口之间具有相当大的高度差，从而导致了较高的出流速度，与直通式结构一样，随后的冲刷作用可能侵蚀堤坝内部填土并影响整体稳定性。

　　串联式结构［图 4.4（c）］的特点是主巢通过蚁道与其他腔体结构串联，并贯穿堤坝横剖面，连接迎水坡和背水坡。这种结构的入土深度一般介于直通式和虹吸式之间。随着水位的升高，整个白蚁巢区内逐渐充满了水。连接上游迎水坡的通道成为进水管，连接下游背水坡的通道成为出水管。在这种结构中，整个大孔隙通道的顶部和底部之间的高度差较大，加剧管流的冲刷作用，导致堤坝失稳破坏。

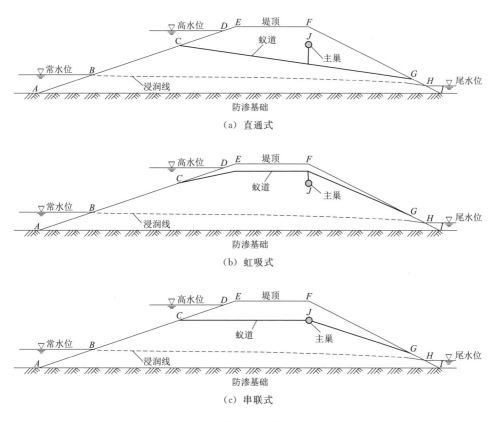

图 4.4 堤坝蚁穴系统概化模型

4.2 堤坝蚁穴系统的非饱和渗流数值模型

大多数土栖白蚁巢在野外条件下都有一个主巢和大量的卫星菌圃，卫星菌圃通过蚁道与主巢相连。堤坝蚁穴系统具有典型的三维结构，其非饱和渗流分析是一个真正的三维问题。二维数值模型理论上不能很好地反映实际情况，因此，为了获得精确的数值分析结果，需要进行三维建模。然而，由于堤坝蚁穴系统结构的复杂性，考虑到计算效率和模型概化参数的选取等原因，本书选择二维平面数值模型来模拟堤坝蚁穴系统的非饱和渗流和分析其对堤坝稳定性的影响；其局限性在于简化了白蚁巢穴的几何形状和堤坝稳定性分析中滑移面的位置。为了使计算结果尽可能接近实际，本书采用了一种将三维问题概化为二维平面问题的等效方法，即保持在二维模拟域中土栖白蚁巢的面积与堤坝横截面的比值，等于现场条件下白蚁巢区与蚁患堤坝段的体积比，现场调查表明，该值为 $1/200 \sim 1/100$。

4.2.1 控制方程

考虑质量守恒定律和非饱和多孔介质中的达西流，忽略气相作用下的水分运移，采用 Richards 方程来描述堤坝蚁穴系统二维非饱和渗流[227]：

$$\frac{\partial}{\partial x}\left[K(\theta)\frac{\partial h}{\partial x}\right] + \frac{\partial}{\partial z}\left[K(\theta)\frac{\partial h}{\partial z}\right] + \frac{\partial K(\theta)}{\partial z} - S = \frac{\partial \theta}{\partial t} \tag{4.1}$$

式中 t——时间，s；

      h——压力水头，m；

      θ——土壤体积含水量，m^3/m^3；

      K——非饱和水力传导系数，m/s；

      x——水平坐标，m；

      z——垂向坐标，m；

      S——源汇项，$m^3/(m^3 \cdot s)$。

土壤水分特征曲线和非饱和水力传导率采用 van Genuchten 模型表示[219]：

$$\theta(h) = \begin{cases} \theta_r + \dfrac{\theta_s - \theta_r}{(1+|\alpha h|^n)^m} & h < 0 \\ \theta_s & h \geqslant 0 \end{cases} \tag{4.2}$$

$$K(\theta) = K_s S_e^l \left[1 - (1 - S_e^{1/m})^m\right]^2 \tag{4.3}$$

$$S_e = \frac{\theta - \theta_r}{\theta_s - \theta_r} \tag{4.4}$$

式中 θ_s——土壤饱和体积含水量，m^3/m^3；

      θ_r——土壤残余体积含水量，m^3/m^3；

      K_s——土壤饱和渗透系数，m/s；

      α——经验参数，m^{-1}；

      l——经验参数，取为 0.5；

      n——经验参数，$n > 1$；

      m——经验参数，$m = 1 - 1/n$。

4.2.2 模拟区域

模拟区域选择概化的几何结构，土质堤坝高度 9m，上下游坡比分别为 1∶3 和 1∶2。如图 4.4 中的截面 AEFIA 所示，图中 AI 代表不透水防渗基础；AB 和 ABD 为旱季和洪季的迎水面边界；EF、GH 和 HI 分别为堤顶、渗流边界和下游尾水边界；*CJG* 代表不同结构的白蚁巢穴系统。利用 HYDRUS 软件包中的 MESHGEN 工具，采用二维三角形单元对模拟区域进行离散。每个概化模型大约包含 6500 个节点和 12000 个三角形单元；模拟区域的网格采用了局部加密的方法，以保证计算结果的精度。含有不同结构白蚁巢穴的土质堤坝有限元计算网格及边界条件如图 4.5 所示。

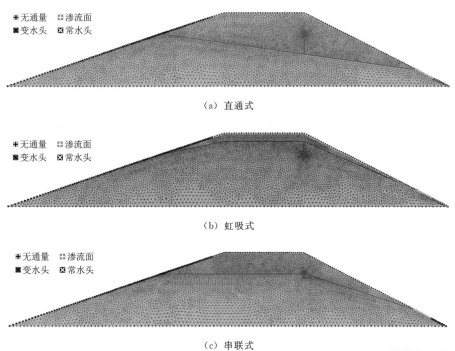

（a）直通式

（b）虹吸式

（c）串联式

图 4.5　含有不同结构白蚁巢穴的土质堤坝有限元计算
网格及边界条件

图 4.5

4.2.3　初始条件和边界条件

迎水坡水位最低时 2.50m，接近坡底；最高时 8.50m，接近堤顶。如图 4.6 所示，水位变化的速度为 0.3m/d，首先在 20d 内从 2.50m 上升到 8.50m，并在 30d 内保持恒定；然后水位在 20d 内以相同的速率从 8.50m 降至 2.50m，水位继续在 30d 内保持恒定至 100d 结束。模拟期间，背水坡的尾水位保持 1m 不变；以模拟实际情况中土质堤坝经历一次高水位和低水位的情形。

4.2.4　模型参数

结合现场调查和室内土柱试验的结果，土质堤坝基质土壤、白蚁主巢和蚁道的模型参数见表 4.1。采用现场土样进行含水率、密度、比重和颗粒分析试验，对堤坝基质土壤进行工程分类；通过固结不排水直剪试验和可变水头渗透试验对土壤强度和渗透性进行评估。主巢的相关参数通过计算选取合理取值，以反映其粗粒土骨架的影响。

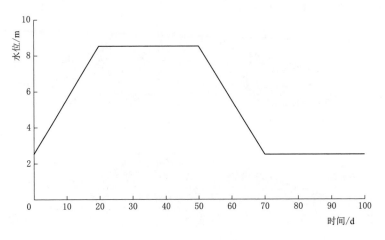

图 4.6　模拟期间迎水坡的水位变化

表 4.1　　　　　　土质堤坝基质土壤、白蚁主巢和蚁道的模型参数

模 型 参 数	基 质 土 壤	白 蚁 主 巢	蚁 道
土壤残余体积含水量 $\theta_r/(\mathrm{m^3/m^3})$	0.020	0.015	0.000
土壤饱和体积含水量 $\theta_s/(\mathrm{m^3/m^3})$	0.42	0.41	0.40
经验参数 $\alpha/\mathrm{m^{-1}}$	0.3	1.2	2.0
经验参数 n	1.3	2.0	4.0
经验参数 l	0.5	0.5	0.5
土壤饱和渗透系数 $K_s/(\mathrm{m/d})$	0.0108	1.0800	1080.0000
容重 $\gamma_0/(\mathrm{kN/m^3})$	18	19	—
饱和容重 $\gamma_s/(\mathrm{kN/m^3})$	20	21	—
内摩擦角 $\varphi/(°)$	16	30	—
黏聚力 C/kPa	25	5	—
土壤组分 /%	—	—	—
砂粒	19	—	—
粉粒	61	—	—
黏粒	20	—	—
干密度 $\rho_d/(\mathrm{g/cm^3})$	1.35	—	—

白蚁巢穴 3S 概化模型算例中，假定主巢的大小和位置固定不变，设主巢直径为 0.8m、埋深为 2.6m，因其主巢一般具有分层粗骨架结构而被定性为砂质材料。与粉质的基质土壤相比，砂土的干密度更高，毛细作用更小，故假设主巢的土壤饱和体积含水量和土壤残余体积含水量更低，α 和 n 的经验值相对较大。

蚁道的直径 4cm，若按照 Poiseuille 流动原理，其等效饱和渗透系数 $K_{s,f}$ 可以表示为[218]

$$K_{s,f}=\frac{\rho_w g R^2}{8\mu_w} \tag{4.5}$$

式中　ρ_w——水的密度，kg/m^3；

　　　g——重力加速度，m/s^2；

　　　R——光滑壁面圆管的等效半径，m；

　　　μ_w——水的动力黏性系数，$N\cdot s/m^2$。

取 $g=9.8m/s^2$，20℃时水的密度 $\rho_w=0.998\times10^3 kg/m^3$、水的动力黏性系数 $\mu_w=1.008\times10^{-3}N\cdot s/m^2$，计算得到的等效饱和渗透系数 $K_{s,f}=4.2\times10^7 m/d$。本节数值计算结果表明，当蚁道的等效饱和渗透系数取大于 $10^3 m/d$ 时，对计算域基质水分的输移影响已经很小，本节取蚁道等效饱和渗透系数为基质土壤的 1×10^5 倍，即 $1.08\times10^3 m/d$。土质堤坝基质土壤、蚁穴主巢和蚁道的土水特征曲线和导水率函数曲线如图 4.7 所示。

在微调参数的试算过程发现，经验参数 α 和 n 对计算结果的敏感性不大；土壤残余体积含水量 θ_r 表示相对于吸力的变化率为 0 的含水量[219]，其对模型计算结果的抑制作用也较小。土壤饱和体积含水量 θ_s 与土壤孔隙度正相关，由于

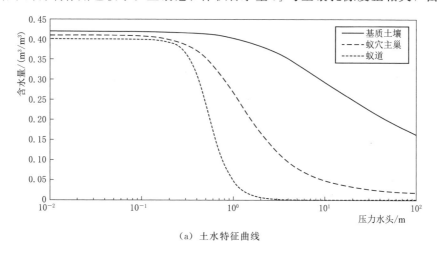

（a）土水特征曲线

图 4.7（一）　土质堤坝基质土壤、蚁穴主巢和蚁道的土水特征
曲线和导水率函数曲线

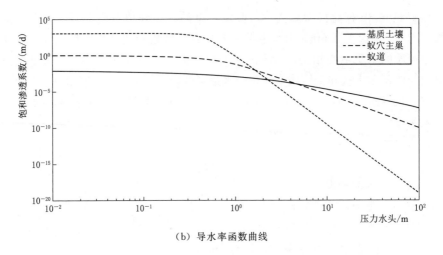

（b）导水率函数曲线

图 4.7（二）　土质堤坝基质土壤、蚁穴主巢和蚁道的土水特征
曲线和导水率函数曲线

溶解或截留的空气，土壤饱和体积含水量 θ_s 通常比土壤孔隙度小 5％～10％。θ_s
在模型计算中是一个敏感性较强的参数，但饱和渗透系数对计算结果的影响
最大。

4.3　堤坝蚁穴系统渗流特性分析

4.3.1　浸润线位置和形状的变化

　　浸润线是自由渗透水面和土质堤坝横截面的相交线，浸润线以下的土体处
于饱和状态，此时土体颗粒重量为有效重量，同时受渗流水流的渗透力作用，
因而土质堤坝内浸润线位置和形状的变化对坝体的应力分布、填充土料的抗剪
强度、坝体整体稳定性及填充土料的渗透稳定性有较大的影响。

　　不含白蚁巢穴的均质土质堤坝内浸润线位置随时间的变化关系如图 4.8 所
示。图 4.8（a）中，在 0～20d，土质堤坝内的孔隙水压力随着迎水面水位的增
加而增长，浸润线随时间的变化反映了孔隙水压力的增长趋势；在 20～50d，迎
水面维持在 8.5m 的最高水位保持不变，但随着饱和锋的上溯，浸润线的位置持
续上升。图 4.8（b）中，在水位下降的 50～70d，土质堤坝坡内压力水头滞后
于坡外水位；在 70～100d，迎水面维持在 2.5m 的最低水位不变，但浸润线的
位置随着饱和锋的减弱而持续下降，直到达到稳定状态。

　　典型时刻均质土质堤坝内的孔隙水压力分布如图 4.9 所示。$t=0d$ 和 $t=$
100d 分别为计算模拟的初始时刻和终止时刻；$t=13d$ 和 $t=57d$ 分别为堤外水位

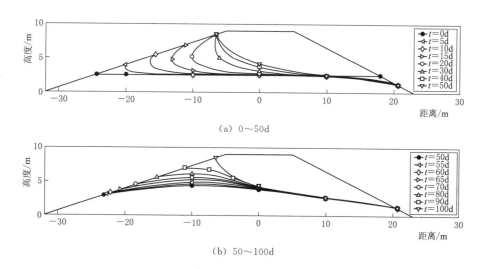

图 4.8　不含白蚁巢穴的均质土质堤坝内浸润线位置随时间的变化关系

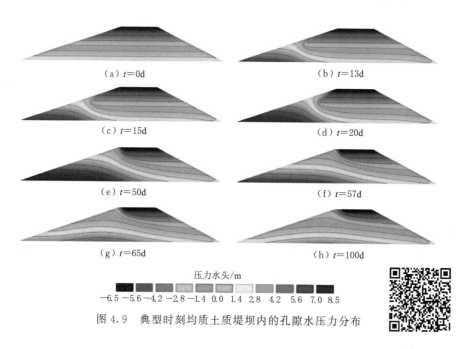

图 4.9　典型时刻均质土质堤坝内的孔隙水压力分布

图 4.9

上升和下降到迎水面进水口位置的时刻；$t=20\text{d}$ 为堤外迎水面上升到最高水位的时刻；$t=50\text{d}$ 为由最高水位开始下降的时刻；$t=15\text{d}$ 为堤外迎水面由最低水位上升 15d 时刻；$t=65\text{d}$ 为堤外迎水面由最高水位下降 15d 时刻。从图中可以看出，均质土质堤坝内的孔隙水压力等值线分布相对比较均匀；无论是水位上升还是下降过程中，堤内孔隙水压力的变化相对堤外迎水面水位的变化存在滞后现象。

　　含直通式白蚁巢穴土质堤坝内浸润线位置随时间的变化如图 4.10 所示。计算结果表明，土质堤坝中存在的直通式巢穴结构改变了渗透面的几何结构，并对浸润线的位置造成影响。在 0～20d，当上游水位超过迎水坡蚁道入口高度时，由于蚁道优先流的作用，浸润线位置迅速增高；在 20～50d，当水位维持在高水位 8.5m 时，对于含有直通式白蚁巢结构的土质堤坝，浸润线收敛到稳定状态的速度要快于均质坝；在 50～70d，当堤外迎水面水位降至蚁道入口以下时，堤内浸润线位置下降速度加快；在 70～100d，当水位维持在低水位 2.5m 时，这种趋势并不明显。典型时刻含直通式白蚁巢穴土质堤坝内的孔隙水压力分布如图 4.11 所示。

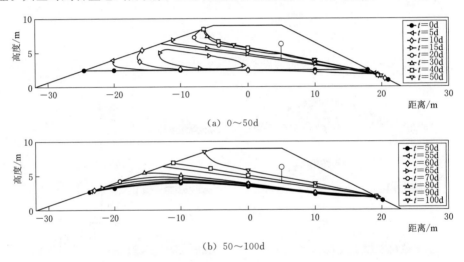

(a) 0～50d

(b) 50～100d

图 4.10　含直通式白蚁巢穴土质堤坝内浸润线位置随时间的变化

　　图 4.11 表明，蚁道大孔隙优先流的特征显著，$t=13d$ 时刻，堤外水位上升到迎水面进水口位置，入渗水分迅速绕过基质土壤而直接通过蚁道快速向下游背水坡渗流面运移。与均质坝相比，浸润线以上，受蚁穴主巢的影响，孔隙水压力等值线存在局部集中的现象，不再间隔均匀分布。

　　含虹吸式白蚁巢穴土质堤坝内浸润线位置随时间的变化如图 4.12 所示。从图中可以看出，只有当堤外迎水面水位超过蚁道最高点时，蚁道被水充满才会导水至下游背水坡渗流面；在 20～50d，维持高水位期间，浸润线上升的位置较均质坝要高，包裹的区域也显著增大。典型时刻含虹吸式白蚁巢穴土质堤坝内的孔隙水压力分布如图 4.13 所示。

　　从图 4.13 可以看出，由于虹吸式蚁穴结构是沿堤坝表土层贯穿堤身，浸润线上溯较高，坝顶附近基质土壤吸力显著降低。

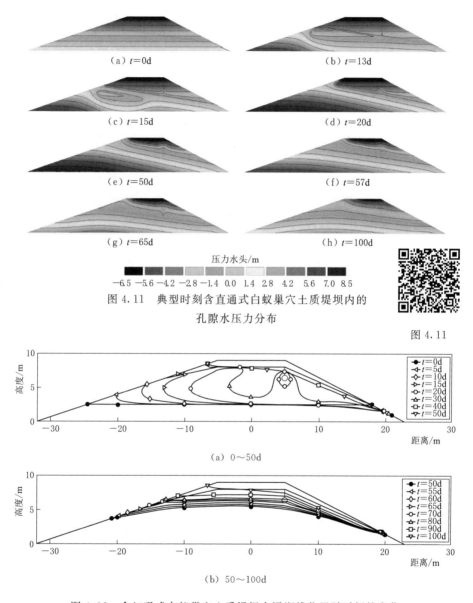

（a）t=0d　　　　　　　　（b）t=13d

（c）t=15d　　　　　　　　（d）t=20d

（e）t=50d　　　　　　　　（f）t=57d

（g）t=65d　　　　　　　　（h）t=100d

压力水头/m

−6.5 −5.6 −4.2 −2.8 −1.4 0.0 1.4 2.8 4.2 5.6 7.0 8.5

图 4.11　典型时刻含直通式白蚁巢穴土质堤坝内的
孔隙水压力分布

图 4.11

（a）0～50d

（b）50～100d

图 4.12　含虹吸式白蚁巢穴土质堤坝内浸润线位置随时间的变化

　　含串联式白蚁巢穴土质堤坝内浸润线位置随时间的变化如图 4.14 所示，与虹吸式类似，水位上涨过程中，浸润线到达的位置相对较高；由于大孔隙的导水作用，在下游背水坡，浸润线均位于蚁道位置以下。典型时刻含串联式白蚁巢穴土质堤坝内的孔隙水压力分布如图 4.15 所示，结果表明，当水位超过迎水面进水口时，不仅对蚁道产生影响，而且还直接连通主巢，进而影响堤坝的稳定性。

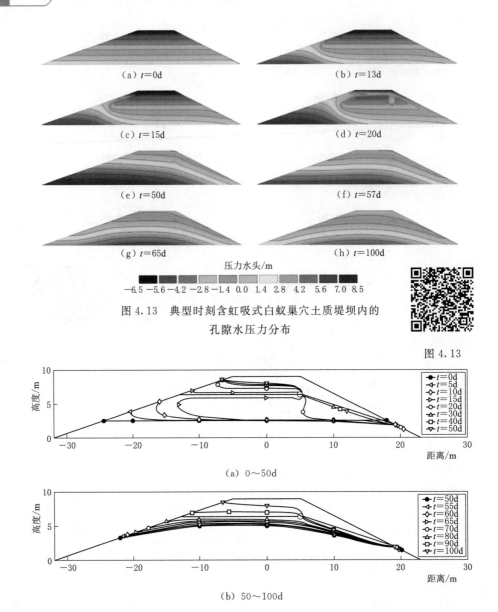

（a）t=0d   （b）t=13d

（c）t=15d   （d）t=20d

（e）t=50d   （f）t=57d

（g）t=65d   （h）t=100d

压力水头/m

−6.5 −5.6 −4.2 −2.8 −1.4 0.0 1.4 2.8 4.2 5.6 7.0 8.5

图 4.13   典型时刻含虹吸式白蚁巢穴土质堤坝内的
孔隙水压力分布

图 4.13

（a）0～50d

（b）50～100d

图 4.14   含串联式白蚁巢穴土质堤坝内浸润线位置随时间的变化

4.3.2   渗流面的水通量

渗流面单位时间内的物质透过量称为渗流通量。均质和含不同蚁穴结构土质堤坝背水坡渗流面上的渗流通量和累积渗流总量随时间的变化过程如图 4.16 和图 4.17 所示。模拟开始时 $t=0d$，迎水坡和土质堤坝内部的水位一致，为 2.5m；

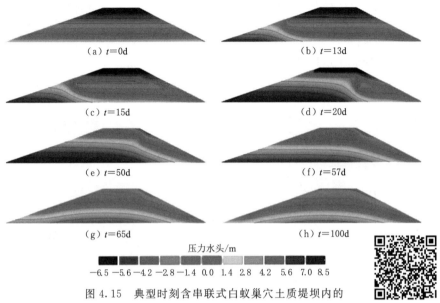

（a）t=0d　　　　　　　　　　（b）t=13d

（c）t=15d　　　　　　　　　　（d）t=20d

（e）t=50d　　　　　　　　　　（f）t=57d

（g）t=65d　　　　　　　　　　（h）t=100d

压力水头/m

-6.5 -5.6 -4.2 -2.8 -1.4 0.0 1.4 2.8 4.2 5.6 7.0 8.5

图 4.15　典型时刻含串联式白蚁巢穴土质堤坝内的
孔隙水压力分布

图 4.15

模拟过程中，背水坡尾水位保持恒定在 1.0m。随着水位的上升，通过渗流面的水通量逐渐减少，直到达到相对稳定的状态。当水位上升超过迎水坡进水口高度时，渗流通量迅速增大直至达到稳定状态。当水位维持在高水位 8.5m 不变时（20~50d），含蚁穴结构土质堤坝渗流面的水通量要显著大于均质坝；此时由于大孔隙优先流的存在，含直通式、虹吸式和串联式蚁穴结构土质堤坝渗流面的水通量分别为 13.1(m³/d)/m、3.2(m³/d)/m 和 1.8(m³/d)/m，远大于均质坝渗流面的水通量 0.0015(m³/d)/m。

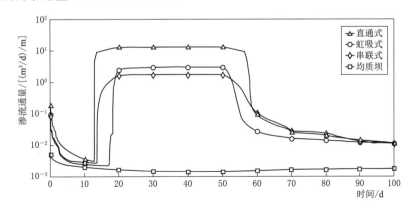

图 4.16　土质堤坝背水坡渗流面上的渗流通量随时间的变化

图 4.17 表明，直通式蚁道导流迅速，累积渗流总量最大；虹吸式导流速度最慢，但累积渗流总量较串联式蚁穴结构要大。$t=100\text{d}$，含直通式、虹吸式和串联式蚁穴结构土质堤坝渗流面的渗流总量分别为 $552.3\text{m}^3/\text{m}$、$99.9\text{m}^3/\text{m}$ 和 $66.9\text{m}^3/\text{m}$，远大于均质坝渗流面的渗流总量 $1.8\text{m}^3/\text{m}$。

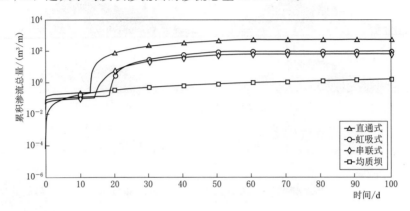

图 4.17　土质堤坝背水坡渗流面上的累积渗流总量随时间的变化

4.4　蚁穴系统对堤坝稳定性影响评价

4.4.1　整体稳定性分析

黏性土坡由于剪切而破坏的滑动面大多数为一曲面，如图 4.18（a）所示，假定堤坝迎水坡和背水坡在水位变化过程中潜在的整体滑动面为圆弧，按平面问题进行分析。常见的边坡稳定性分析方法包括极限平衡分析法、极限分析法和数值分析法等。HYDRUS 软件附加模块 Classic Slope Module 可以分析考虑土壤水分运移的影响下边坡的稳定性。在选定的计算时间步，计算域中的孔隙水压力值会自动导入到边坡稳定性分析模块中，通过条分法进行试算，可以使用 Bishop、Fellenius/Petterson、Morgenstern Price 或 Spencer 方法进行评估。采用 Bishop 条分法进行整体稳定性分析[228]，如图 4.18（b）所示，取第 i 条作为单元体，则作用在土条上的力有土条的自重 W_i、该土条上的荷载 Q_i、滑动面 ef 上的法向反力 N_i 和切向反力 T_i，以及竖直面上的法向力 E_{1i}、E_{2i} 和切向力 F_{1i}、F_{2i}；采用有效应力法，引入滑动土体周界上的孔隙水压力 u_i，即可进行渗流作用时的土坡稳定分析。

假定土条竖直侧向力为 0，忽略成对条间力产生的力矩，不计土条上的坡面荷载，采用简化的 Bishop 条分法，得到圆弧抗滑力和滑动力的比值为稳定安全系数 Fs，即

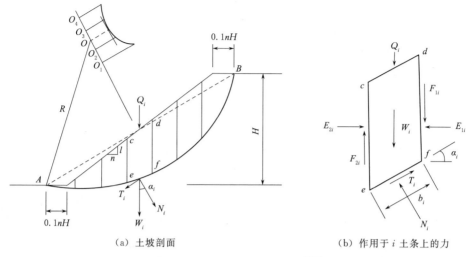

（a）土坡剖面　　　　　　　　　　（b）作用于 i 土条上的力

图 4.18　黏性土坡稳定性分析[228]

$$Fs = \frac{1}{\sum W_i \sin\alpha_i} \sum \frac{C_i b_i + (W_i - u_i b_i)\tan\varphi_i}{\cos\alpha_i + \dfrac{\tan\varphi_i \sin\alpha_i}{Fs}} \qquad (4.6)$$

式中　φ_i——第 i 个土条的内摩擦角，（°）；

C_i——第 i 个土条的黏聚力，kPa；

α_i——第 i 个土条的坡角，（°）；

b_i——第 i 个土条的宽度，m；

W_i——第 i 个土条的自重，kN；

u_i——第 i 个土条上的孔隙水压力，kPa。

　　具体计算时，滑动面的位置通常未知，但可以使用数值优化方法来确定，该方法将临界滑动面看作是一系列可能的滑动面中安全系数最小时的弧面位置。HYDRUS 软件附加模块 Classic Slope Module 使用极限平衡概念，自动确定临界滑动面。图 4.19 以含有虹吸式白蚁巢结构的土质堤坝为例，说明了迎水坡和背水坡在 10d、40d 和 80d 时最小 Fs 的滑动面位置。

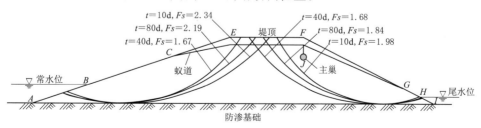

图 4.19　含虹吸式白蚁巢穴土质堤坝在 10d、40d 和 80d 时最小 Fs 的滑动面位置

均质和含不同蚁穴结构土质堤坝迎水坡和背水坡稳定安全系数 Fs 随时间的变化过程如图 4.20 所示。各土质堤坝迎水坡 [图 4.20 (a)]，$t=0d$ 时，初始条件相同，浸润线所在的位置和形状完全一致，最小稳定安全系数 Fs 均为 2.49。在 0～20d 期间，Fs 随着堤外水位的升高而逐渐降低；工程上一般要求 Fs 大于 1.1，各土质堤坝仍满足稳定性要求。当堤外水位保持在 8.5m 时，在 20～50d 期间，随着浸润线的上溯，Fs 逐渐下降，直到达到稳定状态。含直通式、虹吸式和串联式白蚁巢穴结构土质堤坝的平均 Fs 值分别比均质坝的 Fs 值降低约 4%、5% 和 7%。在 50～70d 期间，Fs 随着水位的降低而增加；但含直通式、虹吸式和串联式白蚁巢穴结构土质堤坝的平均 Fs 值分别比均质坝的 Fs 值降低约 1%、6% 和 4%。当堤外水位保持在 2.5m 时，在 70～100d 期间，Fs 逐渐增加，最终达到稳定状态；在此期间，含虹吸式和串联式白蚁巢穴结构土质堤坝的平均 Fs 值分别比均质坝的 Fs 值降低约 6% 和 3%；而相对于均质坝，直通式白蚁巢穴结构对 Fs 的影响不太明显。

各土质堤坝背水坡 [图 4.20 (b)]，$t=0d$ 时，初始条件相同，最小稳定安

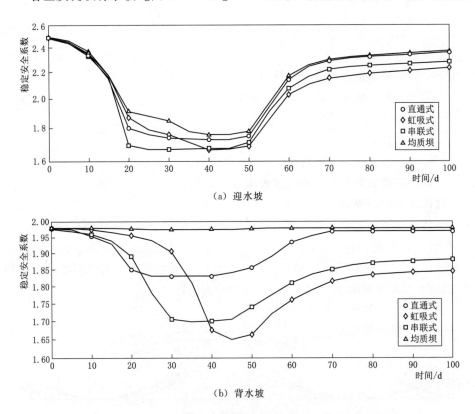

（a）迎水坡

（b）背水坡

图 4.20　土质堤坝稳定安全系数随时间的变化

全系数 Fs 均为 1.98。对于均质坝，在整个水位上升和下降的模拟过程中，Fs 基本保持不变，这与背水坡附近浸润线位置的变化趋势是一致的。在 0～20d 期间，堤坝蚁穴导致土质堤坝的 Fs 随水位的升高而逐渐降低。当堤外水位保持在 8.5m 时，在 20～50d 期间，受堤坝蚁穴的影响，土质堤坝的 Fs 急剧下降；在此期间，含直通式、虹吸式和串联式白蚁巢穴结构土质堤坝的平均 Fs 值分别比均质坝的 Fs 值降低约 7%、10 和 13%。在 50～70d 期间，含蚁穴土质堤坝的 Fs 随着水位的降低而增加；在此期间，含直通式、虹吸式和串联式白蚁巢穴结构土质堤坝的平均 Fs 值分别比均质坝的 Fs 值降低约 3%、12% 和 9%。当堤外水位保持在 2.5m 时，在 70～100d 期间，含蚁穴土质堤坝的 Fs 有增加的趋势，最终达到稳定状态；含直通式、虹吸式和串联式白蚁巢穴结构土质堤坝的平均 Fs 值分别比均质坝的 Fs 值降低约 1%、7% 和 5%。计算表明，蚁穴导致背水坡 Fs 减低的最大幅度为 17%，发生在 $t = 45d$ 时的含虹吸式白蚁巢穴结构土质堤坝。

4.4.2 局部稳定性分析

水分在基质土壤中渗流时对土颗粒产生一定的拖曳力。渗透水流施加于单位土体内土粒上的拖曳力称为渗流力。当作用在土层单元中渗流力超过所有组成颗粒的有效重量时，边坡土层会发生局部失稳，导致土坡坍塌。蚁穴大孔隙通道中，由于优先流的存在，空心光滑蚁道中的水流速度过大会引发内壁侵蚀，从而导致土颗粒在管流水体中输移至蚁穴口排出[229]；当管流水体中含沙量超过其输沙能力时，开口通道就会逐渐被堵塞；此时通道内部孔隙水压力会随着外部水位的升高而增大，最终会冲穿顶部覆盖黏土层[230]，其进一步的发展将导致堤身的破坏。

因此，考虑竖向受力平衡，当向上的渗流力等于土颗粒的有效重量时，为土体局部破坏的临界条件[231]，即

$$\rho_w g i = (1 - n_s)(\rho_g - \rho_w) g \tag{4.7}$$

式中　i——渗透坡降；

　　　n_s——孔隙率；

　　　ρ_w——水的密度，kg/m^3；

　　　ρ_g——土颗粒密度，kg/m^3；

　　　g——重力加速度，m/s^2。

由式 (4.7)，任意厚度为 d 的覆盖土层，其受正压冲刺的破坏条件可表示为

$$h_u - h_t > \frac{1}{\lambda} d \frac{\rho - \rho_w}{\rho_w} \tag{4.8}$$

式中　h_u——土层下方的压力水头，m；

　　　h_t——土层上方的压力水头，m，$(h_u - h_t)/d = i$；

λ——土壤的不均匀系数，假设其等于 1；

ρ——土壤密度，kg/m³。

式（4.8）可用于无黏性土壤（如砂土）的管涌破坏或黏性土层的正压冲穿。当蚁穴开口通道被堵塞时，模拟结果表明堵塞附近基质土壤中存在较大的压力梯度，本书采用方程式（4.8）对白蚁巢穴导致的局部失稳进行了定量分析。

相对而言，虹吸式堤坝蚁穴结构的分布范围大，蚁道长而曲折，一般除在堤身内具有较集中的大孔隙通道外，在迎水坡和背水坡会发展成细小的分叉蚁道。本节局部稳定性分析选取虹吸式堤坝蚁穴结构为例，不同长度的蚁道堵塞如图 4.21 所示，堵塞长度从背水坡蚁道出水口开始计，选择长度分别为 1.0m、3.0m、5.0m、7.0m、9.0m、11.0m 和 13.0m。在数值计算中，蚁道堵塞后假定与基质土壤具有相同的物性参数。堵塞前后，各堵塞段顶部压力水头随时间的变化如图 4.22 所示。计算结果表明，在水分运移到堵塞段顶部之前，与堵塞前相比，压力水头基本没有变化；由于大孔通道的优先流特性，水分运移到堵塞段顶部的时间基本一致；蚁道受堵塞以后，顶部压力水头会增大；随着堵塞长度的增加，堵塞段顶部孔压相对增长的幅度有所减小；一旦开始形成堵塞，出水口附近由于覆盖土层相对较薄，产生滑塌概率增大。

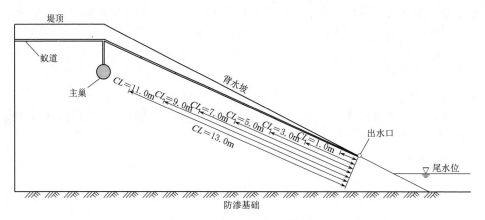

图 4.21 不同长度的蚁道堵塞

CL—堵塞长度

以图 4.21 中含虹吸式蚁穴土质堤坝的背水坡出水口为起点，沿蚁道向上取一剖面，贯穿堵塞段和大孔隙蚁道。图 4.23 显示在 $t = 18.5d$ 时剖面沿程的压力水头分布。为了进行比较，图 4.23 中还包括未堵塞含虹吸式蚁穴土质堤坝和均质坝的计算结果。图 4.23 表明，在堵塞区域附近的压力水头增加，并且相应的最大压力大致发生在堵塞部分和开放通道之间的边界处，即堵塞段的顶部。以

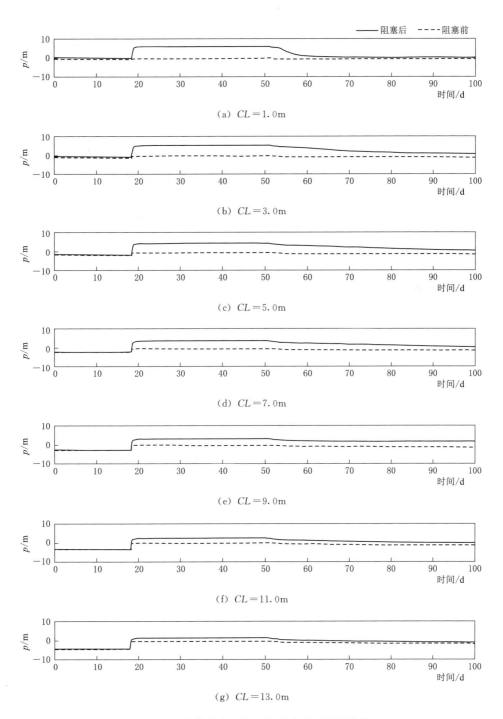

图 4.22 各堵塞段顶部压力水头随时间的变化

背水坡出水口为起点计，在堵塞段，含虹吸式蚁穴土质堤坝和均质坝的压力水头是基本一致的；在堵塞段的末端，压力水头急剧增加，直到达到最大值，随后会逐渐减小，最终与未堵塞含虹吸式蚁穴土质堤坝一致；在 $t=18.5\mathrm{d}$ 时刻，堵塞长度为 9.0m 的蚁道剖面压力水头极值最大。在堵塞段的顶部上游侧会存在一个压力增大的区域，该区域土体存在被正压冲刺破坏的风险。因此，大孔隙通道的堵塞段长度是蚁穴导致土质堤坝背水坡局部失稳的重要因素。

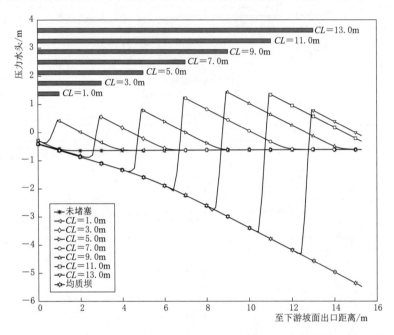

图 4.23　背水坡蚁道剖面沿程的压力水头分布 ($t=18.5\mathrm{d}$)

为了量化含虹吸式蚁穴土质堤坝背水坡的局部失稳程度，利用式（4.8）来计算确定不同堵塞长度条件下的局部失稳区。不同长度的蚁道堵塞导致的失稳区域如图4.24所示。计算结果表明，堵塞区域越靠近蚁道出水口，越容易造成背水坡局部失稳破坏；随着时间的推移，局部失稳区也迅速扩大到斜坡表面。堵塞长度为 1.0m、3.0m、5.0m、7.0m、9.0m、11.0m 工况失稳的起动时间基本在 18.5d 附近，背水坡从局部失稳起动到顶面塌陷所用的时间分别为0.03d、0.07d、0.11d、0.2d、0.4d 和 0.8d。堵塞长度为 13.0m 工况，堵塞段顶部靠近主巢，受主巢截流的影响，其失稳起动时间在 19.5d，从局部失稳起动到顶面塌陷所用的时间为 1.5d。各计算工况失稳发生后，顶面初始塌陷的范围随着堵塞长度的增加先增大后减小，堵塞长度等于 7.0m 的工况，顶面初始塌陷的范围和影响区域最大。

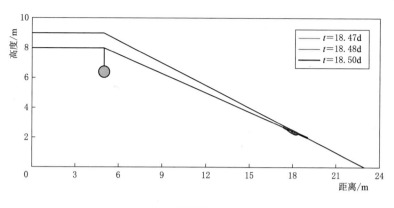

(a) 堵塞长度 1.0m

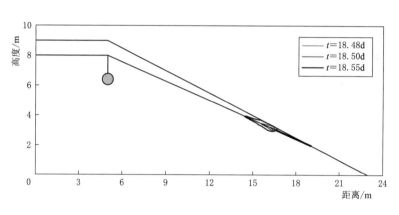

(b) 堵塞长度 3.0m

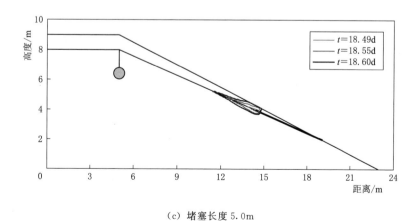

(c) 堵塞长度 5.0m

图 4.24 (一)　不同长度的蚁道堵塞导致的失稳区域

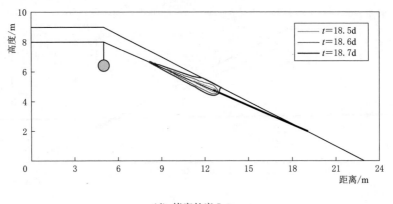

（d）堵塞长度 7.0m

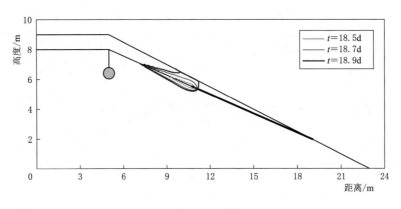

（e）堵塞长度 9.0m

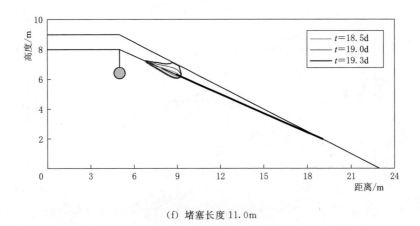

（f）堵塞长度 11.0m

图 4.24（二） 不同长度的蚁道堵塞导致的失稳区域

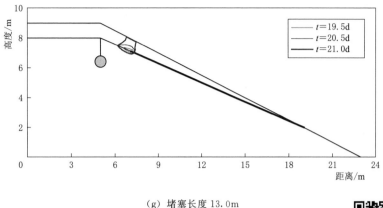

（g）堵塞长度 13.0m

图 4.24（三）　不同长度的蚁道堵塞导致的失稳区域

图 4.24

4.5　本章小结

本章考虑堤坝浸润线的位置、蚁穴通道的空间分布情况及组成部分的相互连接关系，研究了不同类型堤坝蚁穴系统的水力性状，分析变水头作用下堤坝内土体孔隙水压力的分布特点，并对堤坝稳定性进行评价，得到主要结论如下：

（1）堤坝蚁穴系统具有三维结构，白蚁主巢及菌圃的分布趋势在堤坝内表现为垂向线性下移与由坡面水平辐射两种方式，因而使成年蚁巢的结构具有复杂多样性。

（2）结合现场调查的结果，根据蚁道和主巢的连通性关系，将堤坝土栖白蚁的成年蚁巢概化为 3S 模型，即直通式、虹吸式和串联式。

（3）保持在二维模拟域中土栖白蚁巢穴的面积与堤坝横截面的比值，等于现场条件下白蚁巢区与蚁患堤坝段的体积比，建立了堤坝蚁穴系统的非饱和渗流数值模型。

（4）模拟分析结果表明，白蚁巢穴的存在影响了堤坝浸润锋的几何形态，并对其浸润线和下游边坡的渗流通量产生了较大的影响。由于大孔隙优先流的存在，含直通式、虹吸式和串联式蚁穴结构土质堤坝渗流面的水通量分别为 13.1（m³/d）/m、3.2（m³/d）/m 和 1.8（m³/d）/m，远大于均质坝渗流面的水通量 0.0015（m³/d）/m。

（5）白蚁巢的存在影响土质堤坝的整体稳定性。土质堤坝迎水坡和背水坡的稳定安全系数随着浸润线上升而减小，随着浸润线下降而增大；白蚁巢穴的存在对背水坡整体稳定性的影响较迎水坡要大；稳定安全系数最大降低幅度达到 17％，发生在 $t=45d$ 时的含虹吸式白蚁巢结构土质堤坝。

（6）背水坡白蚁巢通道的堵塞会造成土质堤坝局部失稳塌陷，基于正压冲刺的破坏条件，对白蚁巢穴导致的局部失稳进行了定量分析。计算结果表明，一旦开始形成堵塞，蚁道出水口附近由于覆盖土层相对较薄，产生滑塌概率增大；局部失稳区向下游斜坡上部扩展迅速；大孔隙通道的堵塞段长度是蚁穴导致土质堤坝背水坡局部失稳的重要因素。

第 5 章

堤坝盐土防蚁屏障盐分淡化
机理研究

　　盐土防蚁屏障是近 20 年发展起来的堤坝土栖白蚁防治新技术,已在浙江省内得到广泛应用,并取得了一定的经济效益和社会效益。但 NLSB 技术的防效性还有待从机理上进行研究,以解决制约该技术进一步推广的瓶颈。本章应用构建的堤坝蚁穴系统的水力模型,采用描述非饱和带多孔介质中水分运移的 Richards 方程和溶质运移的 CDE 对流-弥散方程,实现堤坝盐土防蚁屏障水盐运移的数值模拟。依托已构建的模型,研究水位波动、渗透系数变化、降雨入渗和蚁道结构对防蚁屏障水盐运移的影响,分析掺盐土体水盐运移特点和盐分淋洗淡化的机理,为堤坝盐土防蚁屏障技术方案的制定提供技术支撑[232]。

5.1　堤坝盐土防蚁屏障构造

5.1.1　初始掺盐量

　　根据陈来华[24] 的研究,盐土防蚁屏障技术的核心主要是在确保堤坝填充土体理化指标符合规范的前提下，通过在防渗黏土中掺入食盐改变堤坝土埝的含盐量以达到抑制白蚁入侵的目的。胡寅等[54]通过室内试验研究了盐土对白蚁的阻杀效果和抗穿越能力，试验表明，0.4%浓度的盐土对白蚁具有较好的抑制能力。

根据《碾压式土石坝设计规范》（DL/T 5395—2007）[233]，防渗土料碾压后应满足下列要求：

（1）渗透系数：均质坝，不大于 1×10^{-4} cm/s；心墙和斜墙，不大于 1×10^{-5} cm/s。

（2）水溶盐含量（指易溶盐和中溶盐，按质量计）不大于 3%。

（3）有机质含量（按质量计）：均质坝，不大于 5%；心墙和斜墙，不大于 2%。

（4）有较好的塑性和渗透稳定性。

（5）浸水与失水时体积变化小。

根据防渗黏土掺入食盐后的工程特性变化试验研究[234]，当土体中含盐量小于 3%时，土体的物性指标变化不大，均能满足相关规范的要求。陈来华[24]经过综合分析后，确定防渗黏土中掺入的食盐量为干土质量的 0.8%。由于本书中，仅掺盐区初始土壤中含盐，根据土壤初始含水量验算，掺入的盐能完全溶解于土壤液相中，选择溶质在固相中的浓度来表示结果时，溶质的固相浓度和液相浓度的换算公式为

$$Mc_1\theta = \rho_d s_g \tag{5.1}$$

式中　　M——溶质的摩尔质量，g/mol；

c_1——溶质在液相中的摩尔浓度，mmol/cm³；

s_g——溶质在固相中的浓度，g/kg；

θ——土壤体积含水量，cm³/cm³；

ρ_d——土壤干密度，g/cm³。

掺盐区初始时刻溶质 NaCl 在固相中的浓度为 8g/kg，换算成液相中的摩尔浓度约为 0.5mmol/cm³。

5.1.2　初始掺盐的位置

根据陈来华[24]的研究，修筑于堤坝内的蚁巢，一般位于黏土层表面 1.5m以下，浸润线以上的位置。本章计算采用的堤坝几何尺寸与第 4 章一致，低水位为 2.5m，常水位为 5.5m，高水位为 8.5m，经过优化后的堤坝盐土防蚁屏障掺盐区位置如图 5.1 所示，位于堤坝外廓线 1.0m 以下、浸润线 1.0m 以上的范围。

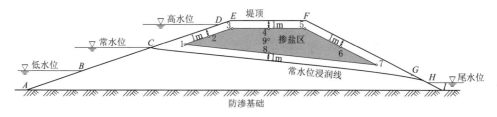

图 5.1　优化后的堤坝盐土防蚁屏障掺盐区位置

5.2　堤坝盐土防蚁屏障水盐运移数学模型

5.2.1　控制方程

1. 土壤水分运动方程

考虑变饱和刚性多孔介质中二维或三维等温均匀达西流动，忽略气相在液体流动过程中的作用，土壤水分运动方程采用修正的 Richards 方程，即

$$\frac{\partial \theta}{\partial t} = \nabla(K \nabla h + K \nabla z) - S \tag{5.2}$$

式中　t——时间，s；

　　　h——压力水头，m；

　　　θ——土壤体积含水量，m^3/m^3；

　　　K——非饱和水力传导系数，m/s；

　　　∇——矢量微分算子，m^{-1}；

　　　z——竖向坐标值，m；

　　　S——源汇项，$m^3/(m^3 \cdot s)$。

土壤水分特征曲线和非饱和水力传导率采用 van Genuchten 模型表示[219]，即

$$\theta(h) = \begin{cases} \theta_r + \dfrac{\theta_s - \theta_r}{(1 + | \alpha h |^n)^m} & h < 0 \\ \theta & h \geqslant 0 \end{cases} \tag{5.3}$$

$$K(\theta) = K_s S_e^l [1 - (1 - S_e^{1/m})^m]^2 \tag{5.4}$$

$$S_e = \frac{\theta - \theta_r}{\theta_s - \theta_r} \tag{5.5}$$

式中　θ_s——土壤饱和体积含水量，m^3/m^3；

　　　θ_r——土壤残余体积含水量，m^3/m^3；

　　　K_s——土壤饱和渗透系数，m/s；

　　　α——经验参数，m^{-1}；

l——经验参数，取 0.5；

n——经验参数，$n>1$；

m——经验参数，$m=1-1/n$。

2．土壤溶质运移方程

对于保守溶质，盐度运移可以表示为

$$\frac{\partial \theta c}{\partial t} = -\nabla (\boldsymbol{q}c - \theta \boldsymbol{D} \nabla c) \qquad (5.6)$$

式中　c——土壤液相中的溶质浓度，$\mathrm{kg/m^3}$；

$\boldsymbol{q}$——单位体积流量密度张量，$\mathrm{m^3/(m^2 \cdot s)}$；

$\boldsymbol{D}$——弥散张量，$\mathrm{m^2/s}$。

弥散张量 $\boldsymbol{D}$ 的分量可以表示为[218]

$$\theta \boldsymbol{D} = \theta D_{ij} = D_{\mathrm{T}} \mid q \mid \delta_{ij} + (D_{\mathrm{L}} - D_{\mathrm{T}}) \frac{q_i q_j}{\mid q \mid} + \theta D_{\mathrm{d}} \tau \delta_{ij} \qquad (5.7)$$

式中　D_{ij}——弥散张量分量，$\mathrm{m^2/s}$；

D_{L}——纵向弥散度，m；

D_{T}——横向弥散度，m；

D_{d}——自由水中的分子扩散系数，$\mathrm{m^2/s}$；

q——单位体积流量密度，$\mathrm{m^3/(m^2 \cdot s)}$；

τ——弯曲因子。

5.2.2　模拟区域

模拟区域如图 5.1 中的截面 $AEFIA$ 所示，图中 AI 代表不透水防渗基础；AB、AC 和 AD 分别为低水位、常水位和高水位边界；EF、GH 和 HI 分别为堤顶、渗流边界和下游尾水边界；图中阴影部分为掺盐区。利用 HYDRUS 软件中的 MESHGEN 工具，采用二维三角形单元对模拟区域进行离散。每个概化模型大约包含 7200 个节点和 14000 个三角形单元。含有盐土防蚁屏障的均质坝有限元计算网格及边界条件如图 5.2 所示。

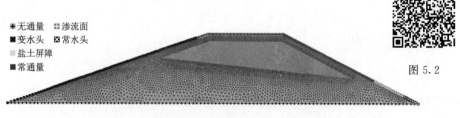

无通量　渗流面
变水头　常水头
盐土屏障
常通量

图 5.2

图 5.2　含有盐土防蚁屏障的均质坝有限元计算
网格及边界条件

5.2.3　初始条件和边界条件

根据图 5.2 所示的边界条件，迎水坡为变水头边界条件，根据水位波动的情况共设置四种方案。方案 I 对应平水年，设置为

$$h(t)=\begin{cases}2.5 & 0\leqslant t<60\mathrm{d},305\mathrm{d}\leqslant t\leqslant 365\mathrm{d}\\0.05t-0.5 & 60\mathrm{d}\leqslant t<120\mathrm{d}\\5.5 & 120\mathrm{d}\leqslant t<245\mathrm{d}\\17.75-0.05t & 245\mathrm{d}\leqslant t<305\mathrm{d}\end{cases} \tag{5.8}$$

水位波动变化如图 5.3（a）所示，假定可变水头循环 100 次，总模拟时间 100a。

方案 II 对应丰水年，设置为

$$h(t)=\begin{cases}2.5 & 0\leqslant t<60\mathrm{d},305\mathrm{d}\leqslant t\leqslant 365\mathrm{d}\\0.05t-0.5 & 60\mathrm{d}\leqslant t<120\mathrm{d}\\5.5 & 120\mathrm{d}\leqslant t<170\mathrm{d},195\mathrm{d}\leqslant t<245\mathrm{d}\\0.3t-45.5 & 170\mathrm{d}\leqslant t<180\mathrm{d}\\8.5 & 180\mathrm{d}\leqslant t<185\mathrm{d}\\64-0.3t & 185\mathrm{d}\leqslant t<195\mathrm{d}\\17.75-0.05t & 245\mathrm{d}\leqslant t<305\mathrm{d}\end{cases} \tag{5.9}$$

水位波动变化如图 5.3（b）所示，假定可变水头循环 100 次，总模拟时间 100a。

方案 III 水位波动变化如图 5.3（c）所示，为 1 个平水年之后接 1 个丰水年，循环 50 次，总模拟时间 100a；方案 IV 水位波动变化如图 5.3（d）所示，为 3 个平水年之后接 1 个丰水年，循环 25 次，总模拟时间 100a。图 5.2 中，背水坡的

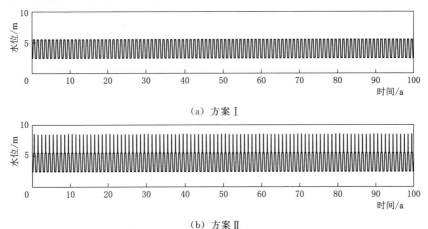

（a）方案 I

（b）方案 II

图 5.3（一）　模拟期间迎水坡的水位波动变化

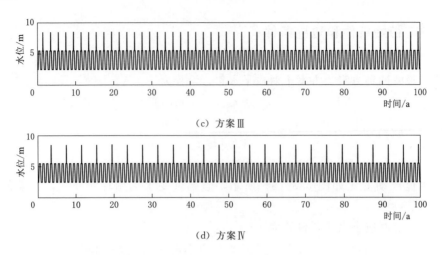

（c）方案Ⅲ

（d）方案Ⅳ

图 5.3（二） 模拟期间迎水坡的水位波动变化

常水头为 1.0m；掺盐区的初始掺盐量为 8g/kg。

5.2.4 模型参数

本章中模型的水土特征参数与第 4 章一致，见表 5.1，在进行参数分析时，主要考虑了基质土壤饱和渗透系数的变化。溶质的运移模拟中，不考虑溶质的相互反应和吸附作用，纵向弥散度按照 Gelhar 经验法则[223]，根据式（3.11）确定[224]，取为 0.45m；横向弥散度取为纵向弥散度的 1/10；溶质的扩散系数取为 $D_d = 8.99 \times 10^{-5}\,\mathrm{m^2/d}$[222]。

表 5.1   基质土壤和蚁道的物性参数

模型参数	基质土壤	蚁道	模型参数	基质土壤	蚁道
土壤残余体积含水量 θ_r /(m³/m³)	0.02	0.00	土壤饱和渗透系数 K_{s0} /(m/d)	0.0108	1080.0000
土壤饱和体积含水量 θ_s /(m³/m³)	0.42	0.40	土壤饱和渗透系数 K_{s1} /(m/d)	0.0216	1080.0000
经验参数 α/m⁻¹	0.3	2.0	土壤饱和渗透系数 K_{s2} /(m/d)	0.054	1080.000
经验参数 n	1.3	4.0	土壤饱和渗透系数 K_{s3} /(m/d)	0.108	1080.000
经验参数 l	0.5	0.5			

5.3 盐分淡化的空间矩分析方法

为了分析各计算条件下盐分的淡化机理，引入空间矩分析方法[235]，即

$$M_{ij}(t) = \iint_\Omega \theta(x,z,t)c(x,z,t)x^i z^j \mathrm{d}x\mathrm{d}z \qquad (5.10)$$

式中　M_{ij}——空间矩，$i,j=0,1,2$；

　　　　θ——土壤体积含水量，$\mathrm{m^3/m^3}$；

　　　　c——土壤液相中的溶质浓度，$\mathrm{kg/m^3}$；

　　　　x——水平方向坐标，m；

　　　　z——竖直方向坐标，m；

　　　　Ω——积分域。

零阶空间矩为

$$M_{00}(t) = \iint_\Omega \theta(x,z,t)c(x,z,t)\mathrm{d}x\mathrm{d}z \qquad (5.11)$$

式中　M_{00}——计算域中溶质质量，kg。

标准化的一阶空间矩为

$$x_c(t) = \frac{\iint_\Omega \theta(x,z,t)c(x,z,t)x\,\mathrm{d}x\mathrm{d}z}{M_{00}(t)} \qquad (5.12)$$

$$z_c(t) = \frac{\iint_\Omega \theta(x,z,t)c(x,z,t)z\,\mathrm{d}x\mathrm{d}z}{M_{00}(t)} \qquad (5.13)$$

式中　x_c——溶质水平方向质心坐标，m；

　　　　z_c——溶质竖直方向质心坐标，m。

二阶空间矩可以用来表征溶质围绕质心的分布范围，即

$$\sigma_{xx}(t) = \frac{\iint_\Omega \theta(x,z,t)c(x,z,t)(x-x_c)^2\mathrm{d}x\mathrm{d}z}{M_{00}(t)} \qquad (5.14)$$

$$\sigma_{zz}(t) = \frac{\iint_\Omega \theta(x,z,t)c(x,z,t)(z-z_c)^2\mathrm{d}x\mathrm{d}z}{M_{00}(t)} \qquad (5.15)$$

式中　σ_{xx}——溶质水平方向扩展方差，$\mathrm{m^2}$；

　　　　σ_{zz}——溶质竖直方向扩展方差，$\mathrm{m^2}$。

5.4　堤坝盐土防蚁屏障水盐运移特性分析

5.4.1　不同水位变化情景分析

在盐土防蚁屏障计算域中设置流动粒子观察位置共 9 处，如图 5.1 中 1～9 号点位置所示，其中 1～3 号点在 NLSB 靠近迎水坡的边界线上，5～7 号点在 NLSB 靠近背水坡的边界线上，4 号、9 号、8 号点位于 $x=0$ 的轴线上。采用水

流质点追踪的方法，计算流动粒子随时间变化的运动轨迹如图 5.4 所示。

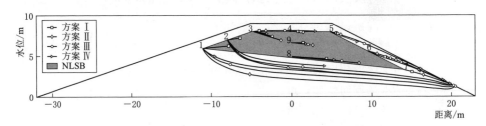

图 5.4　不同水位变化情景下的粒子运动轨迹

在迎水坡水位变化情景设置中主要考虑了洪水出现的频次。图 5.4 表明，考虑洪水出现的情景下，各观察点的水流质点粒子运动轨迹会发生指向背水坡的偏转，随着洪水出现的次数增加，偏转的角度增大，指定时间内粒子运动的距离增加。距离迎水坡常水位最近的 1 号点处，计算时域内水流质点粒子运动的距离最长，能到达背水坡的渗透面；偏转的角度最大，最大偏转角度为 59°。

随着水流质点的运动，盐土防蚁屏障的盐分逐渐传播扩展。从溶质运移的角度来看，盐分的运移主要由水动力弥散作用形成。水动力弥散是由于不同孔隙中水的速度不同形成的弥散以及分子扩散。当一定数量溶质在水流中运移而逐渐传播时，可以不断占据流动区域中越来越大的部分，超出水流质点平均流速所影响的范围。典型时刻不同水位变化情景下的溶质浓度分布如图 5.5 所示。图 5.5（a）表明，$t = 10a$ 时，由于水位波动的淋洗作用，距离迎水坡常水位最近的 1 号点附近的盐分淡化最快；在不同水位变化情景下，随着洪水出现的次数增加，盐土防蚁屏障中的盐分流失加快，但仅靠近迎水坡一侧的盐分运移影响显著。在计算截止时间 $t = 100a$ 时 [图 5.5（b）]，盐分占据的区域变化明显，四种水位变化情景下，溶质浓度大于 0.4g/kg 的区域面积占堤坝横截面积的百分比分别为 43%、31%、35% 和 38%。

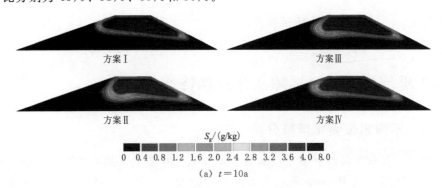

（a）$t = 10a$

图 5.5（一）　典型时刻不同水位变化情景下的溶质浓度分布

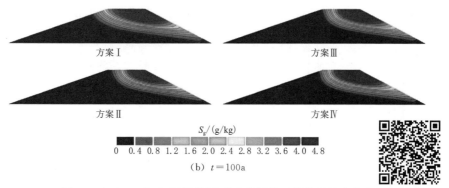

图 5.5（二）　典型时刻不同水位变化情景下的溶质浓度分布

图 5.5

　　典型位置不同水位变化情景下的溶质浓度变化如图 5.6 所示。计算结果表明，考虑洪水出现频次的变化，对溶质浓度变化影响较大的是 2 号、3 号、4 号、8 号和 9 号点，按丰水年情景设置计算条件（方案Ⅱ）下，在计算截止时间 $t=100a$ 时，上述 5 点处的溶质浓度与平水年计算条件（方案Ⅰ）相比分别降低 99.9%、96.5%、25.7%、63.7% 和 44.3%。

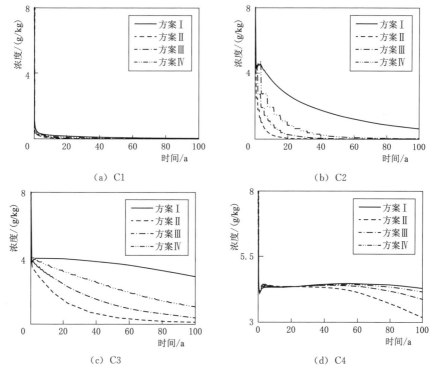

图 5.6（一）　典型位置不同水位变化情景下的
溶质浓度变化

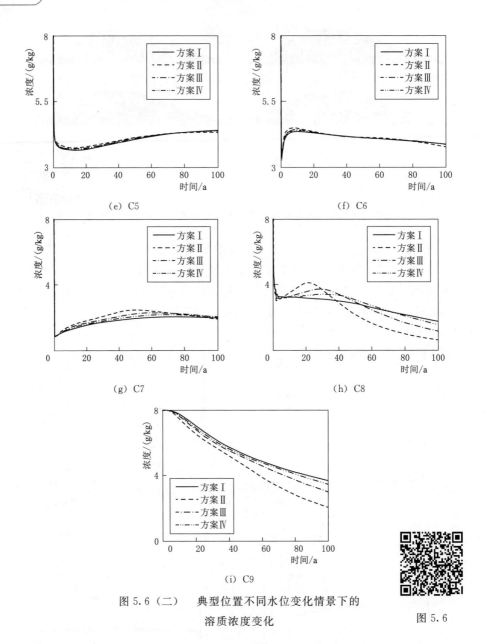

(e) C5　　　　　　　　　　　　(f) C6

(g) C7　　　　　　　　　　　　(h) C8

(i) C9

图 5.6（二）　典型位置不同水位变化情景下的
溶质浓度变化

图 5.6

　　不同水位变化情景下的溶质质心轨迹如图 5.7（a）所示。计算表明，堤坝横截面内溶质的质心先指向背水坡渗透面移动，随着靠近浸润线附近的溶质逐渐从渗透面运移出计算域，质心有指向堤顶移动的趋势。如图 5.7（b）所示，沿 x 正方向，随着洪水出现的频次增加，水平方向质心坐标 x_c 移动速度增加，但 $t=40a$ 后各计算情景下 x_c 的移动幅度较小；如图 5.7（c）所示，随着洪水出现的频次增加，竖直方向质心坐标 z_c 移动速度增加，在 $t=40a$ 附近由下降转为上升趋势，各计算情景下在计算截止时间 z_c 的大小基本一致。因此，总体来看，随着洪水出现频次增加，盐分水平侧向运移的距离增大，但盐分的竖直方向运移的变化幅度较小。

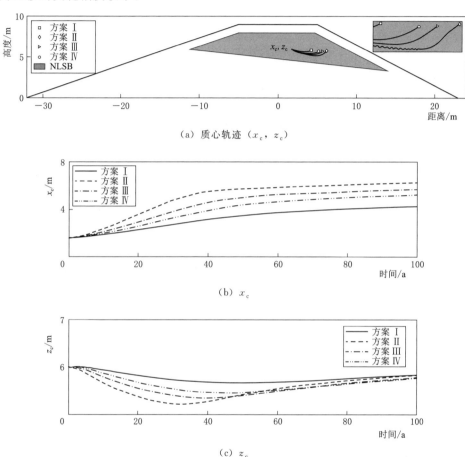

(a) 质心轨迹 (x_c, z_c)

(b) x_c

(c) z_c

图 5.7　不同水位变化情景下的溶质质心轨迹

　　不同水位变化情景下研究区域的溶质总量变化如图 5.8 所示。计算结果表明，随着时间的增加，盐土防蚁屏障的外围溶质总量逐渐增大 [图 5.8（a）]；NLSB 的内部溶质总量逐渐减少 [图 5.8（b）]；随着溶质逐渐从边界面运移出计算域，堤坝横截面内溶质总量呈下降的趋势 [图 5.8（c）]；盐分运移淋洗出去的总量逐渐增多 [图 5.8（d）]。平水年情景设置计算条件（方案 I）下，在计算截止时间 $t=100a$ 时，NLSB 的内部溶质平均浓度从初始时刻的 8g/kg 减小为 3g/kg；NLSB 的外围溶质平均浓度从 0 增加为 0.33g/kg。随着洪水出现频次增加，盐土防蚁屏障盐分淡化加剧，按丰水年情景设置计算条件（方案Ⅱ）下，在 $t=100a$ 时，与平水年相比，NLSB 的外围溶质总量减少 32%，NLSB 的内部溶质总量减少 31%，堤坝横截面内溶质总量减少 32%，盐分运移淋洗的总量增加 45%。图 5.9 是不同水位变化情景下溶质分布的水平方向扩展方差 σ_{xx} 和竖直方向扩展方差 σ_{zz} 随时间的变化。

从图 5.9 可以看出，洪水出现的频次增加以后，随着更多的溶质运移出计算域，溶质在水平方向的扩展范围变窄［图 5.9（a）］，而在竖直方向的扩展范围先略有增大，后期基本维持不变［图 5.9（b）］。因此，洪水出现频次的增加，主要对盐分水平侧向位移和扩展造成显著的影响。

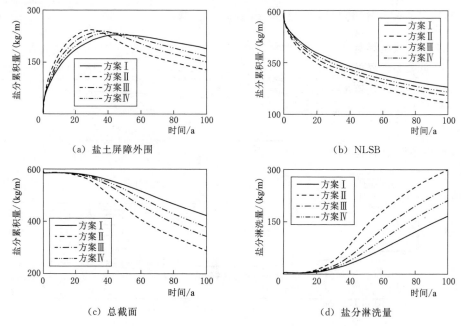

（a）盐土屏障外围　　　　　　　　　（b）NLSB

（c）总截面　　　　　　　　　（d）盐分淋洗量

图 5.8　不同水位变化情景下研究区域的溶质总量变化

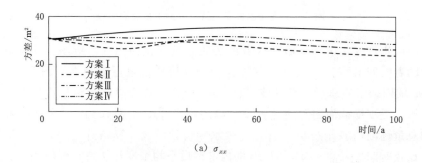

（a）σ_{xx}

图 5.9（一）　不同水位变化情景下溶质分布的 σ_{xx} 和 σ_{zz} 随时间的变化

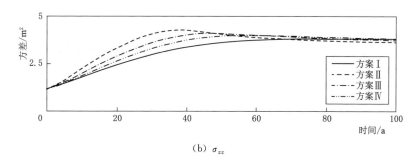

(b) σ_{zz}

图 5.9（二）　不同水位变化情景下溶质分布的 σ_{xx} 和 σ_{zz} 随时间的变化

5.4.2　不同饱和渗透系数影响分析

渗透系数是影响土壤水盐运移的主要因素之一。在其他参数不变的情况下，迎水坡变水头边界按平水年设置，不同土壤饱和渗透系数计算条件下，观察点处流动粒子运动轨迹如图 5.10 所示。粒子运动轨迹反映了渗流路径的变化，计算结果表明，随着土壤饱和渗透系数的增加，粒子渗流路径的长度增加；渗流路径的倾斜角基本不变，在计算截止时间 $t=100a$ 时，基本指向背水坡的渗透面。典型时刻不同土壤饱和渗透系数计算条件下的溶质浓度分布如图 5.11 所示。

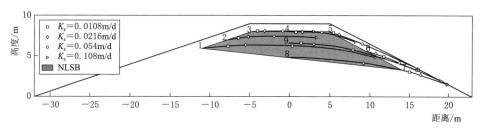

图 5.10　不同土壤饱和渗透系数计算条件下粒子运动轨迹

图 5.11 表明，随着土壤饱和渗透系数的增大，土壤水盐运移的平均速度增大，溶质运移到背水坡渗透面所需要的时间变短；在计算截止时间 $t=100a$ 时，盐分占据的区域发生明显变化，四种不同土壤饱和渗透系数计算工况下，溶质浓度大于 0.4g/kg 的区域面积占堤坝横截面积的百分比分别为 43%、34%、22% 和 9%。

典型位置（1～9 号点）不同土壤饱和渗透系数计算条件下的溶质浓度变化如图 5.12 所示。计算结果表明，土壤饱和渗透系数的变化影响所有观察点的溶质浓度；随着土壤饱和渗透系数的增加，各观察点的溶质浓度显著下降；在计算截止时间 $t=100a$ 时，当土壤饱和渗透系数由 0.0108m/d 增大 1 倍至 0.0216m/d 时，1～9 号点溶质浓度分别减少 86%、76%、48%、19%、5%、

9%、11%、52%和38%。

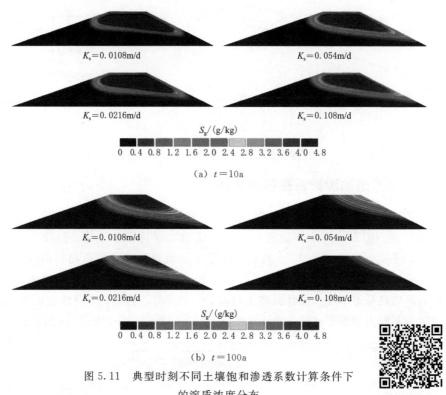

(a) $t=10a$

(b) $t=100a$

图 5.11 典型时刻不同土壤饱和渗透系数计算条件下的溶质浓度分布

图 5.11

不同土壤饱和渗透系数计算条件下的溶质质心轨迹如图 5.13（a）所示。计算结果表明，随着土壤饱和渗透系数的增加，溶质运移的距离增大，但质心轨迹基本上在一条曲线上运动。由于侧向水动力、重力和毛细压力的共同影响，溶质质心水平分量的变化范围 ［图 5.13（b）］显著大于溶质质心垂直分量的变化范围 ［图 5.13（c）］，说明溶质水平入渗对渗透系数的响应更敏感。

不同土壤饱和渗透系数计算条件下研究区域的溶质总量变化如图 5.14 所示。计算结果表明，随着土壤饱和渗透系数的增加，在计算截止时间 $t=100a$ 时，盐土防蚁屏障的外围溶质总量 ［图 5.14（a）］、NLSB 的内部溶质总量 ［图 5.14（b）］和堤坝横截面内溶质总量 ［图 5.14（c）］均显著减少，盐分运移淋洗出去的总量增多 ［图 5.14（d）］；当土壤饱和渗透系数由 0.0108m/d 增大 1 倍至 0.0216m/d 时，NLSB 的外围溶质总量、NLSB 的内部溶质总量和堤坝横截面内溶质总量均减少约 30%，盐分运移淋洗的总量增加 77%；四种土壤饱和渗透系数计算条件下，NLSB 的内部溶质平均浓度从初始时刻的 8g/kg 分别减小为

3g/kg、2.1g/kg、0.8g/kg 和 0.2g/kg。进一步分析表明，盐分可以通过运移到计算域中常水头边界（图 5.1 中的 HI）和渗透边界（图 5.1 中的 GH）而被淋洗出去，以土壤饱和渗透系数为 0.108m/d 工况为例，在计算截止时间 $t=100a$ 时，通过图 5.1 中的边界 GH 和 HI 淋洗出去累积溶质总量比为 365：1，因此渗透面是溶质运移的主要通道。

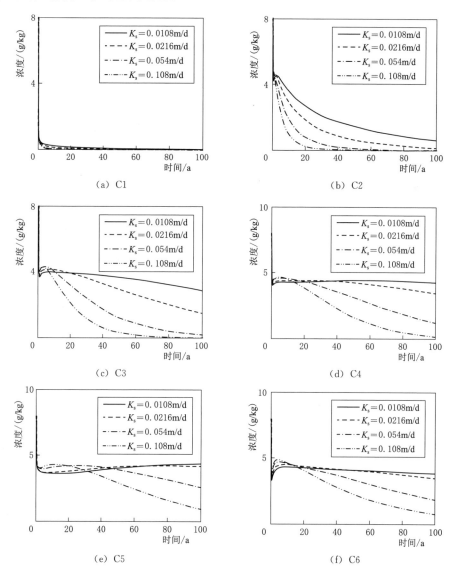

图 5.12（一）　典型位置不同土壤饱和渗透系数计算条件下
的溶质浓度变化

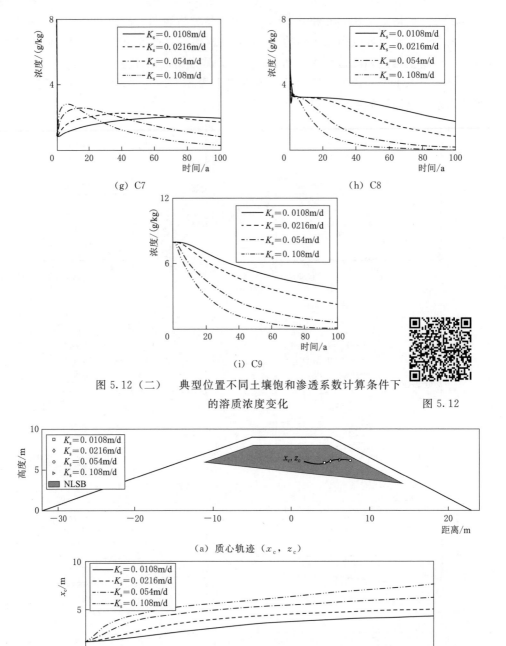

（g）C7

（h）C8

（i）C9

图 5.12（二） 典型位置不同土壤饱和渗透系数计算条件下
的溶质浓度变化   图 5.12

（a）质心轨迹（x_c，z_c）

（b）x_c

图 5.13（一） 不同土壤饱和渗透系数计算条件下的溶质质心轨迹

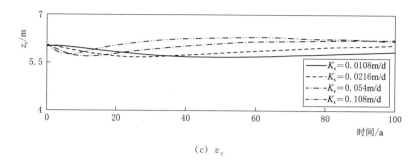

（c）z_c

图 5.13（二）　不同土壤饱和渗透系数计算条件下的溶质质心轨迹

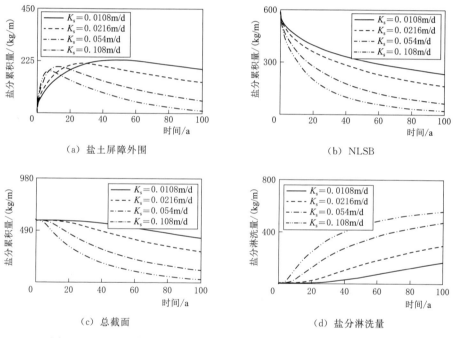

（a）盐土屏障外围　　　　　　　　　　（b）NLSB

（c）总截面　　　　　　　　　　（d）盐分淋洗量

图 5.14　不同土壤饱和渗透系数计算条件下研究区域的溶质总量变化

　　图 5.15 是不同土壤饱和渗透系数计算条件下溶质分布的 σ_{xx} 和 σ_{zz} 随时间的变化。从图 5.15 可以看出，土壤饱和渗透系数增加以后，随着更多的溶质运移出计算域，后期溶质在水平方向的扩展范围缩小［图 5.15（a）］，而在竖直方向的扩展范围先增大，后期维持稳定［图 5.15（b）］。因此，土壤饱和渗透系数增加，对盐分水平方向的渗流影响更明显。

5.4.3　不同降雨入渗条件下情景分析

　　入渗是指水自土表面垂直向下进入土壤的过程。对于土石坝，大气降水经植被层、硬壳层等截留损失后进入填充土表面,将在土壤界面发生水分的二次分配和转化,包括水分在土层中的运移以及在土壤表面的蒸发,大部分水分将沿坡面流动而汇集成地表径流。计算中假定入渗仅发生在堤坝背水坡(图 5.1 中的 FG)一侧,且简化为定通量边界,水通量的大小分别取为 12mm/a、24mm/a 和 60mm/a,相当于年平均降雨量(1200mm)的 1%、2% 和 5%。

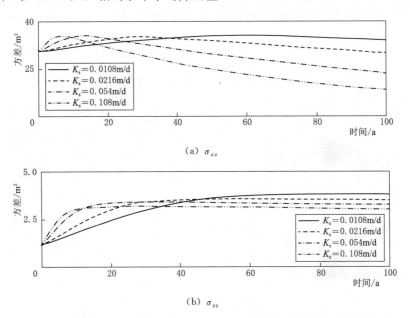

图 5.15　不同土壤饱和渗透系数计算条件下溶质分布的
σ_{xx} 和 σ_{zz} 随时间的变化

在其他参数不变的情况下,迎水坡变水头边界按平水年设置,不同降雨入渗条件,观测点处流动粒子运动轨迹如图 5.16 所示。结果表明,在考虑降雨入渗的条件下,背水坡表层土壤水分含量迅速增加,水分在重力和毛细力作用下向下运移,逐步浸润深层土壤。计算结果表明,背水坡入渗水通量导致 4~9 号点处流动粒子运动轨迹发生偏转,最大偏转角度 123°。随着降雨入渗量的增加,粒子运动轨迹偏转角度和运移距离增大。典型时刻不同降雨入渗条件下的溶质浓度分布如图 5.17 所示。考虑降雨入渗后,背水坡土壤水分含量增加,并逐渐入渗补给到深层土壤,加快水盐的运移。图 5.17 表明,随着降雨入渗量的增大,土壤水盐运移的平均速度显著增大,背水坡一侧的盐分淡化最快;在计算截止时间 $t=100\text{a}$ 时,盐分占据的区域变化显著,三种考虑降雨入渗条件下,溶质浓度大于 0.4g/kg 的区域面积占堤坝横截面积的百分比分别为 45%、40% 和 32%。

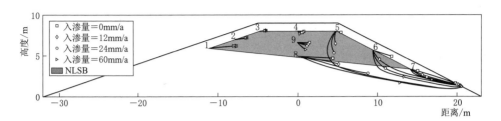

图 5.16　不同降雨入渗条件下的粒子运动轨迹

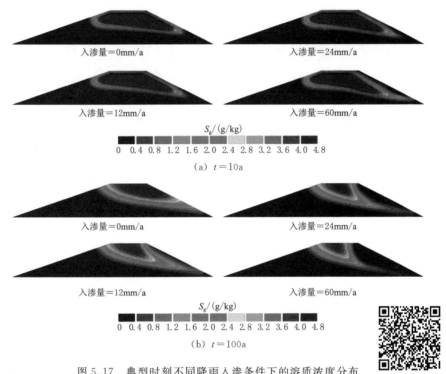

图 5.17　典型时刻不同降雨入渗条件下的溶质浓度分布

图 5.17

典型位置（1～9 号点）不同降雨入渗条件下的溶质浓度变化如图 5.18 所示。图 5.18 表明，降雨入渗量的变化影响靠近背水坡一侧观察点的溶质浓度；随着降雨入渗量的增加，背水坡一侧 5～7 号点的溶质浓度下降明显；在计算截止时间 $t=100a$ 时，当降雨入渗量由 0 增加至 12mm/a 时，5～7 号点溶质浓度分别减小 59%、79% 和 54%。

不同降雨入渗条件下的溶质质心轨迹如图 5.19（a）所示。计算结果表明，质心先指向背水坡渗透面移动，随着降雨入渗的增加，靠近背水坡一侧的溶质逐渐从渗透面运移出计算域，质心有左侧偏转的趋势。考虑降雨入渗的条件下，溶质质心水平方向分量 x_c 先增大后减小 [图 5.19（b）]，逐渐偏向计算域的左侧；溶质质心竖直方向分量 z_c 先下降然后小幅上升 [图 5.19（c）]，整体变化没有 x_c 显著。

　　不同降雨入渗条件下研究区域的溶质总量变化如图 5.20 所示。计算结果表明，随着降雨入渗量的增加，在计算截止时间 $t=100a$ 时，盐土防蚁屏障的外围溶质总量 [图 5.20（a）]、NLSB 的内部溶质总量 [图 5.20（b）]和堤坝横截面内

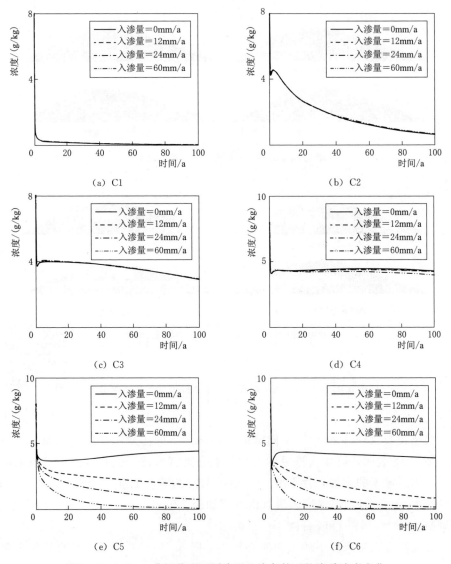

图 5.18（一）　典型位置不同降雨入渗条件下的溶质浓度变化

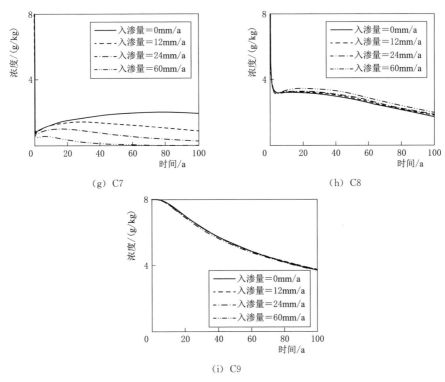

（g）C7 （h）C8

（i）C9

图 5.18（二） 典型位置不同降雨入渗条件下的溶质浓度变化

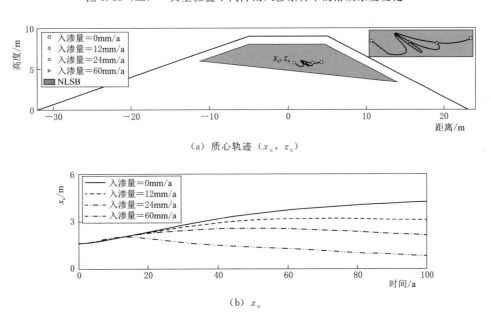

（a）质心轨迹（x_c，z_c）

（b）x_c

图 5.19（一） 不同降雨入渗条件下的溶质质心轨迹

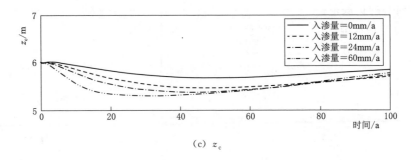

(c) z_c

图 5.19（二） 不同降雨入渗条件下的溶质质心轨迹

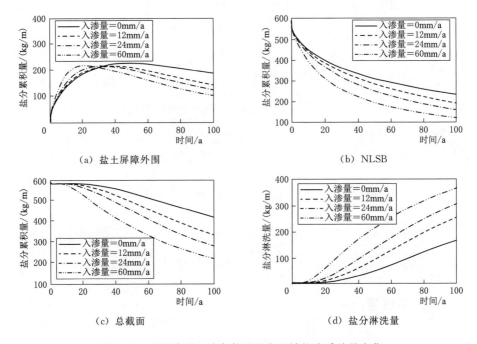

（a）盐土屏障外围　　　　　　　　　　（b）NLSB

（c）总截面　　　　　　　　　　（d）盐分淋洗量

图 5.20 不同降雨入渗条件下研究区域的溶质总量变化

溶质总量 ［图 5.20 （c)]显著减少，盐分运移淋洗出去的总量增多 ［图 5.20 (d）］；当降雨入渗量由 0 增加至 12mm/a 时，NLSB 的外围溶质总量、NLSB 的内部溶质总量和堤坝横截面内溶质总量分别减少 24%、17% 和 20%，盐分运移淋洗出去的总量增加 55%；四种不同入渗量计算条件下，NLSB 的内部溶质平均浓度从初始时刻的 8g/kg 分别减小为 3g/kg、2.5g/kg、2.0g/kg 和 1.5g/kg。图 5.21 是不同降雨入渗条件下溶质分布的 σ_{xx} 和 σ_{zz} 随时间的变化。

　　从图 5.21 可以看出，入渗量增加以后，在计算初期，溶质在水平方向的扩展范围增大 ［图 5.21 （a)］；后期随着靠近背水坡一侧的溶质被淋洗干净后，溶质围绕质心的扩展范围变窄。在竖直方向，扩展范围随着入渗量增加显著增大，$t=50a$ 后期基本维持不变 [图 5.21 （b）]。因此，入渗量的增加对靠近背水坡一侧盐分运移影响显著。

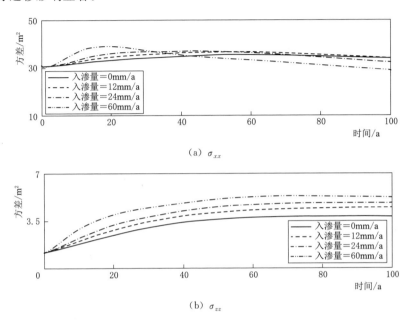

图 5.21 不同降雨入渗条件下溶质分布的 σ_{xx} 和 σ_{zz}
随时间的变化

5.5 蚁道对盐土防蚁屏障水盐运移的影响

5.5.1 蚁道位置的影响

盐土防蚁屏障能阻止白蚁进入堤坝内部筑巢，但白蚁仍有可能在堤坝背水坡一侧掘土形成蚁道。大孔隙蚁道完成以后，将形成优先流通道，影响堤坝水盐运移特征。为了分析蚁道位置对 NLSB 盐分淡化的影响，在堤坝背水坡一侧设置不同的蚁道情景，如图 5.22 所示。假定所有的蚁道一端在背水坡出口的位置固定，另一端掘进至 NLSB 且位置沿高程均匀分布，从下至上依次为 SⅠ、SⅡ、SⅢ 和 SⅣ；蚁道的直径和物性参数与第 4 章一致。在其他参数不变的情况下，迎水坡变水头边界按平水年设置，不同蚁道位置条件下，1～9 号点处流动粒子运动轨迹如图 5.23 所示。

图 5.23 表明，由于蚁道的尺寸相对较小（直径 4cm），各观测点中受显著影响的是靠近渗透面附近的 7 号点。与均质坝相比，由于蚁道大孔隙优先流的

存在，各计算工况下，7 号点处观察粒子轨迹均向蚁道偏转后，沿蚁道基本成直线运移至渗透面。典型时刻不同蚁道位置条件下的溶质浓度分布如图 5.24 所示。计算结果表明，蚁道大孔隙形成以后，在蚁道附近存在局部的绕流现象，溶质更容易沿着大孔隙优势通道运移，形成不规则的指流，加快盐分的淋洗。在计算截止时间 $t=100a$ 时，盐分占据的区域面积变化不大，但由于盐分沿大孔隙通道形成捷径式运移，影响溶质的局部分布特征。

典型位置不同蚁道位置条件下的溶质浓度变化如图 5.25 所示。由于蚁道位

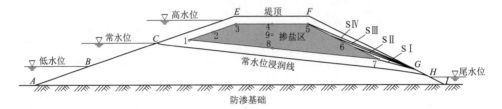

图 5.22　不同蚁道位置情景

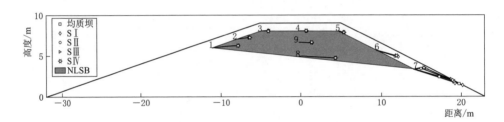

图 5.23　不同蚁道位置条件下的粒子运动轨迹

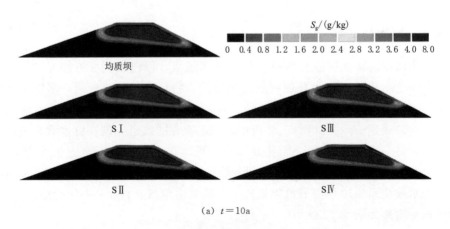

(a) $t=10a$

图 5.24（一）　典型时刻不同蚁道位置条件下
的溶质浓度分布

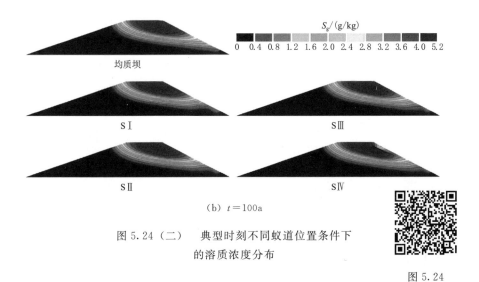

（b）$t = 100a$

图 5.24（二） 典型时刻不同蚁道位置条件下
的溶质浓度分布

图 5.24

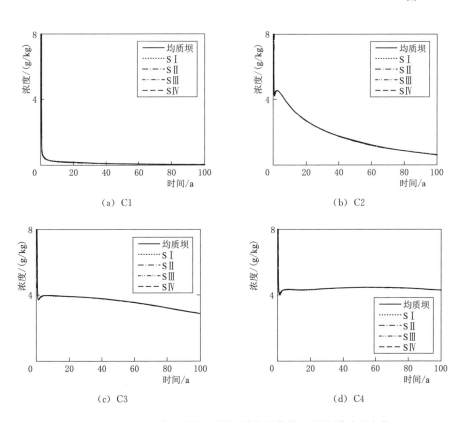

图 5.25（一） 典型位置不同蚁道位置条件下的溶质浓度变化

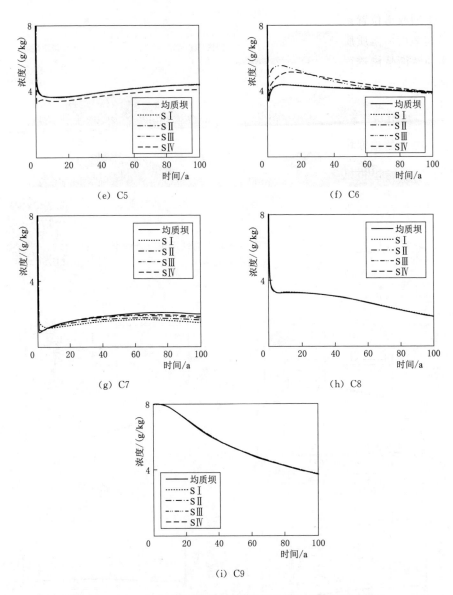

(e) C5　　　　　　　　　　　　　(f) C6

(g) C7　　　　　　　　　　　　　(h) C8

(i) C9

图 5.25（二）　典型位置不同蚁道位置条件下的溶质浓度变化

于背水坡一侧，主要对 5～7 号点的溶质浓度造成影响。与均质坝相比，5 号点和 7 号点的浓度相对降低，6 号点的浓度存在先增加后减少的趋势，但整体变化的幅度相对较小。以 7 号点为例，在计算截止时间 $t=100a$ 时，相对于均质坝，蚁道 SⅠ、SⅡ、SⅢ和 SⅣ的存在导致该点溶质浓度分别降低 26%、19%、13% 和 8%。

不同蚁道位置条件下的溶质质心轨迹如图 5.26 (a) 所示。计算结果表明，堤坝横截面内溶质质心先指向背水坡渗透面移动；随着靠近浸润线和蚁道附近的溶质逐渐从渗透面运移出计算域，质心有指向堤顶移动的趋势，在蚁道存在的情况下，由于大孔隙优先流的存在，质心向堤顶偏转的趋势增加，但整体幅度都较小。与均质坝相比，质心水平方向分量 x_c 有减小的趋势 [图 5.26 (b)]；蚁道的存在使质心竖直方向分量 z_c 增大，且蚁道位置越低越明显；但与均质坝相比，变化的幅度相对很小。

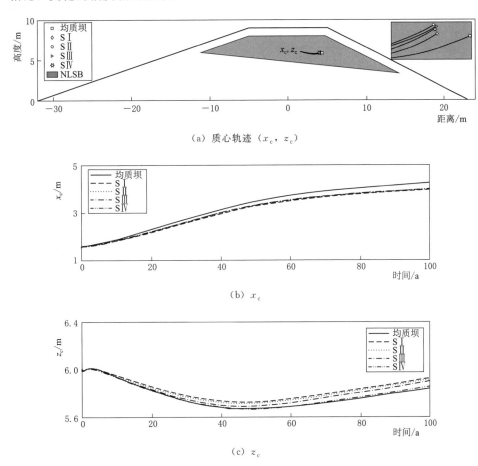

(a) 质心轨迹 (x_c, z_c)

(b) x_c

(c) z_c

图 5.26　不同蚁道位置条件下的溶质质心轨迹

不同蚁道位置条件下研究区域的溶质总量变化如图 5.27 所示。计算结果表明，由于蚁道的存在，在计算截止时间 $t=100a$ 时，盐土防蚁屏障的外围溶质总量 [图 5.27 (a)] 和堤坝横截面内溶质总量 [图 5.27 (c)] 减少，盐分运移淋洗出去的总量增多 [图 5.27 (d)]，但 NLSB 内部溶质总量变化不明显；

当蚁道位于最下端（SⅠ）时，与均质坝相比，NLSB 的外围溶质总量和堤坝横截面内溶质总量分别减少 5.9％ 和 2.5％，盐分运移淋洗出去的总量增加 5.7％。

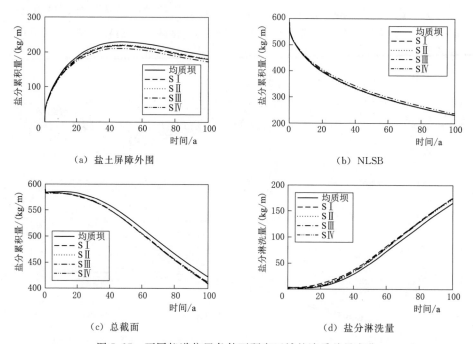

（a）盐土屏障外围

（b）NLSB

（c）总截面

（d）盐分淋洗量

图 5.27 不同蚁道位置条件下研究区域的溶质总量变化

不同蚁道位置条件下溶质分布的 σ_{xx} 和 σ_{zz} 随时间变化如图 5.28 所示。从图中可以看出，由于蚁道的存在，溶质更容易沿着大孔隙优势通道运移，使溶质围绕质心的扩展范围变小；尽管影响的区域相对不大，但随着蚁道位置的降低，无论是竖直方向还是水平方向溶质扩展的范围都会逐渐缩窄。

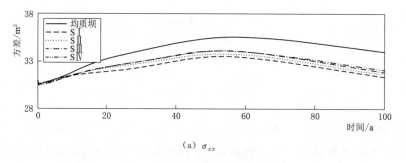

（a）σ_{xx}

图 5.28（一） 不同蚁道位置条件下溶质分布的 σ_{xx} 和 σ_{zz}
随时间变化

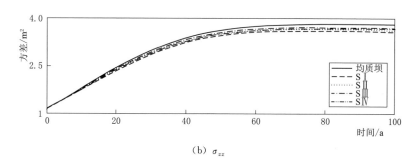

(b) σ_{zz}

图 5.28（二）　不同蚁道位置条件下溶质分布的 σ_{xx} 和 σ_{zz}
随时间变化

5.5.2　蚁道贯通度的影响

通常情况下，对堤坝安全和稳定影响较大的是贯通性蚁穴通道。为考虑蚁道贯通度对于盐土防蚁屏障水盐运移的影响，如图 5.29 所示，假定白蚁掘进通道由背水坡至迎水坡按长度等分，工况 PⅠ、PⅡ、PⅢ 和 PⅣ 对应的蚁道贯通度分别为 25%、50%、75% 和 100%。蚁道的直径和物性参数与第 4 章一致。在其他参数不变的情况下，迎水坡变水头边界按平水年设置，不同蚁道贯通度条件下，1~9 号点处流动粒子运动轨迹如图 5.30 所示。计算结果表明，蚁道的存在，影响流动粒子运移路径的长度及其倾斜程度，蚁道大孔隙高渗通道内水分运移的速度显著增大，从而在局部形成较大的压力梯度，促使附近的水流质点向距离其最近的蚁道区域偏转。当蚁道未贯通前（PⅠ、PⅡ 和 PⅢ），与均质坝相比，1~9 号点的粒子运移路径顺时针偏转，1 号点最大偏转角度 5°；蚁道贯通后（PⅣ），1 号点的粒子运移路径发生逆时针偏转，最大偏转角度 4°。

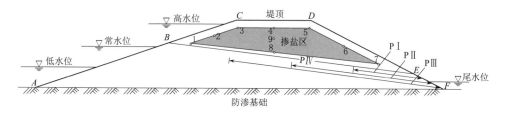

图 5.29　不同蚁道贯通度情景

典型时刻不同蚁道贯通度条件下的溶质浓度分布如图 5.31 所示。计算结果表明，蚁道大孔隙形成以后对溶质的运移和浓度分布产生显著的影响。在蚁道

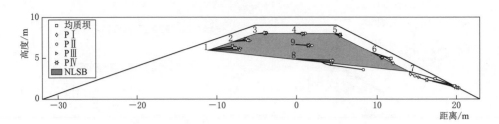

图 5.30　不同蚁道贯通度条件下的粒子运动轨迹

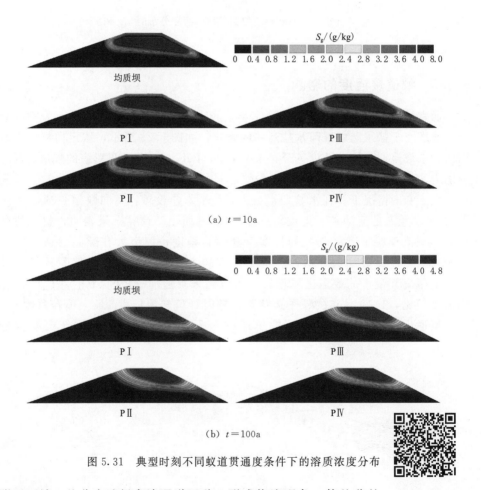

图 5.31　典型时刻不同蚁道贯通度条件下的溶质浓度分布

图 5.31

附近区域，盐分会选择高渗通道运移，形成绕流现象，使盐分的
分布特征发生变化，促使更多的盐分运移至渗透面淋洗出去。在
计算截止时间 $t=100\text{a}$ 时，盐分占据的区域面积发生明显变化，四种（PⅠ、
PⅡ、PⅢ和PⅣ）不同蚁道贯通度条件下，溶质浓度大于 0.4g/kg 的区域面积

占堤坝横截面积的百分比分别为 44％、39％、35％和 30％。

典型位置不同蚁道贯通度条件下的溶质浓度变化过程如图 5.32 所示。图 5.32 表明由于蚁道位于浸润线以上，主要对靠近蚁道的 6～9 号点的溶质浓度影响显著。当存在完全贯通的蚁道（PⅣ），与均质坝相比，在计算截止时间 $t=$ 100a 时，6～9 号点溶质浓度分别降低 7％、70％、55％和 9％。

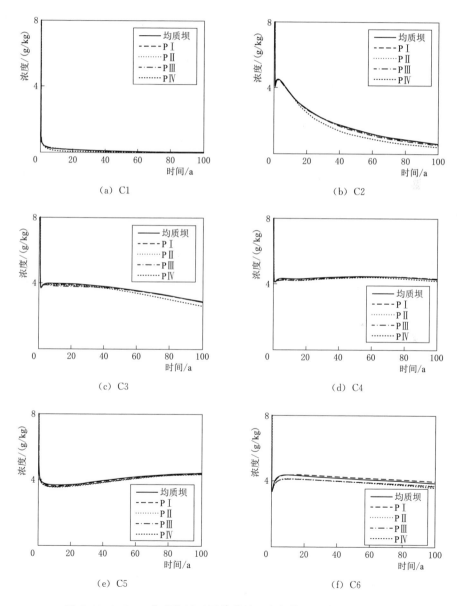

图 5.32 （一） 典型位置不同蚁道贯通度条件下的溶质浓度变化

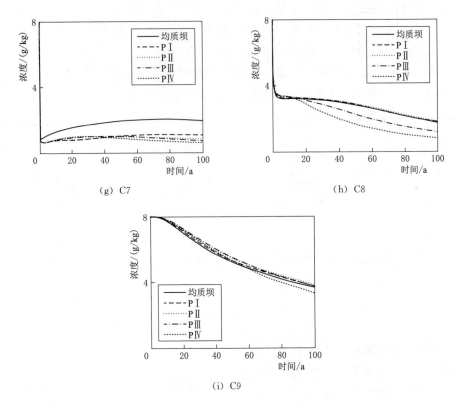

(g) C7

(h) C8

(i) C9

图 5.32（二） 典型位置不同蚁道贯通度条件下的溶质浓度变化

　　不同蚁道贯通度条件下的溶质质心轨迹如图 5.33（a）所示。计算结果表明，质心先指向背水坡渗透面移动，由于蚁道大孔隙流的存在，靠近蚁道一侧的溶质逐渐从渗透面运移出计算域，质心有堤顶偏转的趋势。与均质坝相比，后期质心水平方向分量 x_c 由于蚁道的存在而减小［图 5.33（b）］；质心竖直方向分量 z_c 逐渐增大，且蚁道贯通度越大，质心上移的趋势越明显。

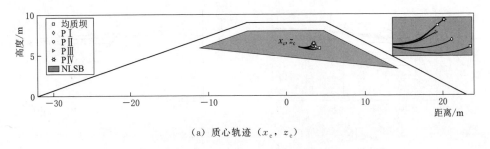

（a） 质心轨迹（x_c，z_c）

图 5.33（一） 不同蚁道贯通度条件下的溶质质心轨迹

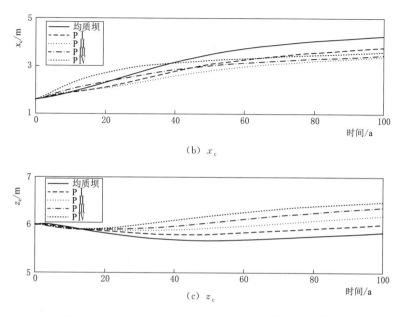

（b）x_c

（c）z_c

图 5.33（二）　不同蚁道贯通度条件下的溶质质心轨迹

不同蚁道贯通度条件下研究区域的溶质总量变化如图 5.34 所示。计算结果表明，随着蚁道贯通度的增加，在计算截止时间 $t=100a$ 时，盐土防蚁屏障的外围溶质总量［图 5.34（a）］、NLSB 的内部溶质总量［图 5.34（b）］和堤坝横截面内溶质总量［图 5.34（c）］都呈减少趋势，盐分运移淋洗出去的总量显著增加［图 5.34（d）］；与均质坝相比，存在全贯通的蚁道时，NLSB 的外围溶质总量、NLSB 的内部溶质总量和堤坝横截面内溶质总量分别减少 42%、15% 和 27%，盐分运移淋洗出去的总量增加 69%；当蚁道贯通度为 25%（PⅠ）和 50%（PⅡ）时，NLSB 的内部溶质平均浓度从初始时刻的 8g/kg 均减小为 3g/kg，与均质坝相同；当蚁道贯通度为 75%（PⅢ）和 100%（PⅣ）时，NLSB 的内部溶质平均浓度从初始时刻的 8g/kg 分别减小为 2.9g/kg 和 2.6g/kg。

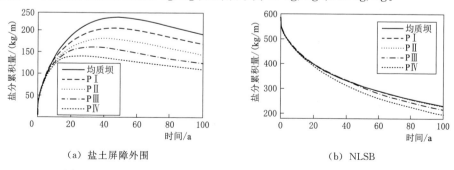

（a）盐土屏障外围

（b）NLSB

图 5.34（一）　不同蚁道贯通度条件下研究区域的溶质总量变化

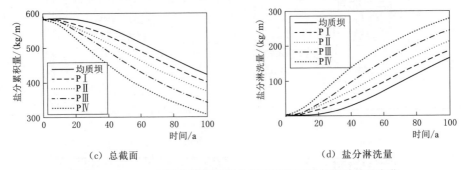

（c）总截面 （d）盐分淋洗量

图 5.34（二） 不同蚁道贯通度条件下研究区域的溶质总量变化

不同蚁道贯通度条件下溶质分布的 σ_{xx} 和 σ_{zz} 随时间变化如图 5.35 所示。从图中可以看出，在计算初期，蚁道的存在溶质在水平方向的扩展范围增大［图 5.35（a）］；末期盐分选择高渗通道运移，溶质围绕质心的扩展范围变窄。在竖直方向，扩展范围随着蚁道贯通度的增加显著减小［图 5.35（b）］。因此，蚁道的存在会改变渗流路径的偏转方向和水盐运移的距离，使得盐分的分布特征和扩展范围发生变化；蚁道贯通度的增加，使溶质的绕流更明显，加快了盐分的淋洗，溶质分布的二阶空间矩的值减小。

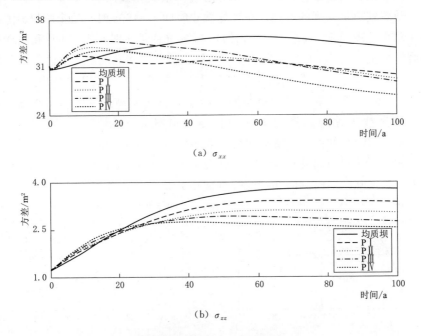

（a） σ_{xx}

（b） σ_{zz}

图 5.35 不同蚁道贯通度条件下溶质分布的 σ_{xx} 和 σ_{zz}
随时间变化

5.6　本章小结

本章采用非饱和带多孔介质中水分流动的 Richards 方程和溶质运移的 CDE 对流-弥散方程，描述盐土防蚁屏障中水盐运动特征，基于 HYDRUS 模型，采用空间矩分析方法，研究了掺盐土体盐分淡化机理，得到主要结论如下：

（1）经过优化后的堤坝盐土防蚁屏障掺盐区位于堤坝外廓线 1.0m 以下、浸润线 1.0m 以上的范围，掺盐区初始时刻溶质浓度选定为 8g/kg。

（2）不同水位变化情景分析表明：洪水出现频次的增加，主要对盐分水平侧向位移和扩展造成显著的影响，盐土防蚁屏障中的盐分淡化随着洪水频次增加而加剧，但主要影响迎水坡一侧的盐分运移，按丰水年情景设置计算条件下，盐分运移淋洗的总量增加 45%。

（3）渗透系数是影响土壤水盐运移的主要因素之一，计算结果表明：随着土壤饱和渗透系数的增大，土壤水盐运移的平均速度增大，溶质运移到背水坡渗透面所需要的时间变短，但溶质水平入渗对渗透系数的响应更敏感；当土壤饱和渗透系数增大 1 倍时，盐分运移淋洗的总量增加 77%。

（4）在考虑降雨入渗的条件下，背水坡表层土壤水分含量迅速增加，水分在重力和毛细力作用下向下运移，逐步浸润深层土壤；随着入渗量的增大，土壤水盐运移的平均速度显著增大，背水坡一侧的盐分淡化最快；当降雨入渗量取为年平均降雨量的 1% 时，盐分运移淋洗的总量可增加 55%。

（5）蚁道大孔隙形成以后，在蚁道附近存在局部的绕流现象，溶质更容易沿着大孔隙优势通道捷径式运移，形成不规则的指流，加快盐分的淋洗。随着蚁道位置的降低，无论是竖直方向还是水平方向溶质扩展的范围都会逐渐缩窄。

（6）蚁道的存在，影响流动粒子运移路径的长度及其倾斜程度，蚁道大孔隙高渗通道内水分运移的速度显著增大，从而在局部形成较大的压力梯度，促使附近的水流质点向距离其最近的蚁道区域偏转，盐分也会选择高渗通道运移，形成绕流现象，使盐分的分布特征发生变化；与均质坝相比，存在全贯通的蚁道时，盐分运移淋洗的总量增加 69%。

第6章

堤坝盐土防蚁屏障工程
应用研究

盐土防蚁屏障技术已在浙江省临海市、龙游县、玉环市等有严重白蚁危害的 30 多处水库大坝和河道堤防进行了实际工程的应用。本章结合具体工程实践，以浙江省龙游县 2 座不同类型的水库大坝除险加固防蚁工程为例，采用数值模拟的方法，评价现有套井回填堤坝盐土防蚁屏障技术的防效性，并提出了切合实际的改进措施，为盐土防治白蚁新技术应用与推广提供了必要的参考依据[236]。

6.1 堤坝盐土防蚁屏障应用技术

6.1.1 浸润线位置确定方法

经过优化后的堤坝盐土防蚁屏障掺盐区位于堤坝外廓线 1.0m 以下、浸润线 1.0m 以上的范围。土石坝浸润线位置的确定需要进行渗流计算，根据《碾压式土石坝设计规范》（DL/T 5395—2007），土石坝渗流计算包括以下内容：

（1）确定坝体浸润线及其下游逸出点的位置，绘制坝体及坝基内的等势线分布图或流网图。

（2）确定坝体与坝基的渗流量。

（3）确定坝坡逸出段与下游坝基表面的出逸坡降，以及不同土层之间的渗透坡降。

（4）确定库水位降落时上游坝坡内的浸润线位置或孔隙压力。

（5）确定坝肩的等势线、渗流量和渗透坡降。

采用公式进行渗流计算时，对比较复杂的实际条件可做如下简化：

（1）渗透系数相差 5 倍以内的相邻薄土层可视为一层，采用加权平均渗透系数作为计算依据。

（2）双层结构坝基，如下卧土层较厚，且其渗透系数小于上覆土层渗透系数的 1/100 时，该层可视为相对不透水层。

（3）当透水坝基深度大于建筑物不透水底部长度的 1.5 倍以上时，可按无限深透水坝基情况估算。

土质堤坝浸润线的确定可选择具有代表性的断面计算，计算时应符合《堤防工程设计规范》（GB 50286—2013）附录 E 渗流计算的有关规定[237]。对于不透水层上的均质坝，浸润线的位置可以采用如图 6.1 所示的简化图解法来确定；Kozeny 的研究表明，对于均质不排水土质堤坝，堤坝的浸润线可以近似为图 6.1 中定义的抛物线，常用的确定浸润线位置和渗流量的公式见表 6.1[238]。

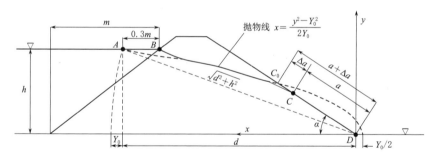

图 6.1　确定浸润线位置的简化图解法[237]

表 6.1　　　　　　　常用的确定浸润线位置和渗流量的公式[237]

$\alpha/(°)$	方　法	计　算　公　式
<30	Schaffernak	$a=\dfrac{d}{\cos\alpha}-\sqrt{\dfrac{d^2}{\cos^2\alpha}-\dfrac{h^2}{\sin^2\alpha}}$
	van Iterson	$q=k_a\sin\alpha\tan\alpha$
$\leqslant90$	Casagrande	$a=s_0-\sqrt{s_0^2-\dfrac{h^2}{\sin^2\alpha}}$
		$\alpha\leqslant60°,\ s_0=\sqrt{d^2+h^2}$

续表

$\alpha/(°)$	方 法	计 算 公 式
$\leqslant 90$	Casagrande	$60°<\alpha\leqslant 90°,\ s_0=\mid AC\mid+\mid CD\mid$
		$q=ka\sin^2\alpha$
180	Kozeny	$a_0=\dfrac{Y_0}{2}=\dfrac{1}{2}\left(\sqrt{d^2+h^2}-d\right)$
		$q=2ka_0=kY_0$
$30<\alpha<180$	Casagrande	建立 $\Delta a/(\Delta a+a)$ 与 α 经验关系，通过抛物线与堤坝背水坡的交点确定 $(a+\Delta a)$ 和 C 点位置
		$q=ka\sin^2\alpha$ 或 $q=kY_0=k\left(\sqrt{d^2+h^2}-d\right)$

6.1.2 冲抓套井回填施工方法

冲抓套井回填是自 20 世纪 70 年代在浙江省兴起的一种水库大坝坝体除险加固和防渗漏处理的施工方法，利用冲抓式打井机具，在土质堤坝或堤防的防渗漏范围造井，用黏性防渗土料分层回填夯实，形成一道连续的套接式黏土防渗墙，阻截渗流通道，起到防渗的目的。对有白蚁危害的堤坝，施工时在大坝套井回填的黏性土中掺入食盐构造盐土防蚁屏障进行白蚁危害防治。采用套井回填技术设置盐土防蚁屏障的施工流程和设计要点如下所述。

盐土防蚁屏障的施工流程主要分为四个环节进行操作，分别是套井造孔布置、造孔施工、备料掺盐、回填和夯实，具体施工流程如图 6.2 所示，主要设计要点如下：

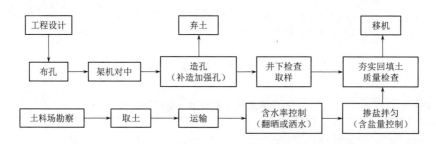

图 6.2 盐土防蚁屏障的施工流程

（1）套井造孔布置。从降低浸润线考虑，应将钻孔布置在坝轴线或平行于坝轴线的坝顶上游侧；根据渗透坡降确定需要的套井回填黏土防渗墙的厚度；高度小于 15m 的土质堤坝防渗，按单排套井设计，有必要时增设加强孔；超过 15m 的土质堤坝须采用二排或者三排套井。

　　（2）造孔施工。如图 6.3 所示，进行造孔施工的时候，先对单号主井进行施工，进行回填并将其夯实后，再对双号套井的井孔进行施工，套打前进；套井应嵌入坝体填筑质量较好的土层 1～2m，有必要时可截至不透水层。

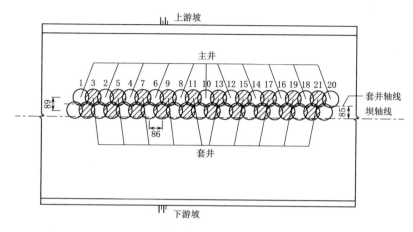

图 6.3　典型套井造孔施工（单位：cm）

　　（3）备料掺盐。回填土料应选用含水量符合设计要求、颗粒相对松散的黏壤土，通过翻晒或洒水控制含水率；根据土壤的干密度测算掺盐量，防渗黏土中掺入的食盐量为干土质量的 0.8%，食盐与防渗黏土拌和均匀。

　　（4）回填和夯实。造孔完成之后，必须立即并且连续地对分层回填黏土进行夯实；分层回填厚度以 0.3～0.5m 为宜，回填时应保持井底无水；通过现场试验确定施工参数，包括最佳铺土厚度、落距、夯击次数控制。

6.2　盐土防蚁屏障技术在均质坝中的应用

　　浙江省龙游县境内是白蚁危害堤坝的高发区域，2002 年对全县堤坝白蚁危害情况进行了调查，116 座中小型水库中存在白蚁危害的有 91 座，危害率占 78%[24]。为测试坝体掺食盐后白蚁对堤坝危害的防治效果，在龙游县水库除险加固工程和中小河流重点县工程项目中，选择了有严重白蚁危害的堤坝进行应用。

　　1 号坝水库大坝建于 1955 年，该水库总库容为 30 万 m³，为均质坝，顶宽为 4m，坝长 97m，坝高 9.5m。现场踏勘表明，该水库大坝及附近发现大量白蚁痕迹，背水面存在渗漏现象，局部已引起坝体变形，现场判断部分渗漏是由黑翅土白蚁引起的[24]。如图 6.4 所示，大坝在除险加固施工时采用冲抓套井回填处理。套井采用单排钻孔布置，防渗孔沿坝轴线偏上游位置，孔径为 1.1m，

回填后压实度大于 0.96。整个坝段进行套井回填施工,深入相对不透水层以下
1.0m。当回填至 59.40~62.67m 高程时,回填土采用掺盐防渗黏土。在迎水坡
61.44~64.17m 高程和背水坡 58.00~64.17m 高程的坡面上,采用挖掘机挖孔、
灌注盐水,然后回填夯实。

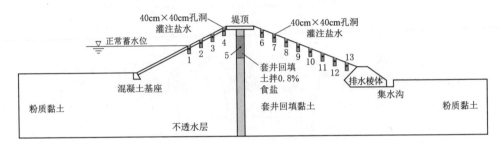

图 6.4　均质坝盐土防蚁屏障施工

6.2.1　模型概化

堤坝盐土防蚁屏障中盐分的淡化分析采用 HYDRUS 软件,结合现场踏勘的
结果,均质坝模型的有限元计算网格及边界条件如图 6.5 所示,利用 HYDRUS
软件中的 MESHGEN 工具,采用二维三角形单元对模拟区域进行离散。概化模
型计算域离散后包含 8129 个节点和 15910 个三角形单元。

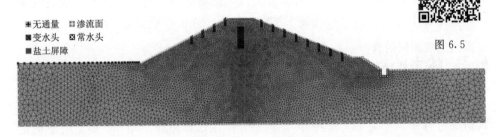

图 6.5

图 6.5　均质坝模型的有限元计算网格及边界条件

6.2.2　初始条件和边界条件

现场调查表明,1 号坝的迎水坡和堤顶都铺设有不透水的混凝土预制块;背
水坡为草皮护坡,种植土厚度为 10cm,为简化计算,均假定为零通量边界。水
库的正常蓄水位水头高度 4.04m,设计洪水位水头高度 4.7m,计算考虑年内水
位波动,可变水头边界设置为

$$h(t)=\begin{cases}2.04 & 0\leqslant t<60\mathrm{d},305\mathrm{d}\leqslant t\leqslant 365\mathrm{d}\\0.033t+0.04 & 60\mathrm{d}\leqslant t<120\mathrm{d}\\4.04 & 120\mathrm{d}\leqslant t<170\mathrm{d},195\mathrm{d}\leqslant t<245\mathrm{d}\\0.066t-7.18 & 170\mathrm{d}\leqslant t<180\mathrm{d}\\4.7 & 180\mathrm{d}\leqslant t<185\mathrm{d}\\-0.066t+16.91 & 185\mathrm{d}\leqslant t<195\mathrm{d}\\-0.033t+12.2 & 245\mathrm{d}\leqslant t<305\mathrm{d}\end{cases} \tag{6.1}$$

可变水头边界条件如图 6.6 所示，假定可变水头循环 50 次，总模拟时间 50a。

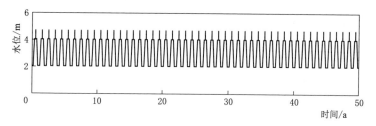

图 6.6　均质坝模拟期间可变水头边界条件

6.2.3　模型参数

结合除险加固工程土工试验的结果，均质坝模型选用的水土特征参数见表 6.2。盐土防蚁屏障中套井回填土拌 0.8% 的食盐，假定迎水坡和背水坡灌注盐水处理后达到相同的含盐量效果。溶质的运移模拟中，不考虑溶质的相互反应和吸附作用，纵向弥散度按照 Gelhar 经验法则[223]，根据式（3.11）确定[224]，取为 0.38m；横向弥散度取为纵向弥散度的 1/10；溶质的扩散系数取为 $D_\mathrm{d}=8.99\times 10^{-5}\mathrm{m}^2/\mathrm{d}$[222]。

表 6.2　　　　　　　　　　均质坝模型选用的水土特征参数

模型参数	堤身	回填黏土	排水棱体
土壤残余体积含水量 θ_r/(m³/m³)	0.020	0.070	0.015
土壤饱和体积含水量 θ_s/(m³/m³)	0.42	0.37	0.41
经验参数 α/m⁻¹	0.3	0.5	1.5
经验参数 n	1.30	1.09	2.68
经验参数 l	0.5	0.5	0.5
土壤饱和渗透系数 K_s/(m/d)	0.00540	0.00108	108.00000

6.2.4 结果分析

图 6.7 是均质坝各观测点溶质浓度变化，观测点的位置如图 6.4 所示。计算结果表明，各观测点的溶质浓度随着时间显著下降；在计算截止时间 $t=50a$ 时，在迎水坡侧，距离浸润线最近的 1 号点处溶质浓度下降的幅度最大，由初始时刻的 8g/kg 下降为 0.45g/kg，降幅达 94%；位于套井回填中心处的 5 号点浓度下降的幅度最小，由初始时刻的 8g/kg 下降为 2.2g/kg，降幅为 73%；位于背水坡一侧的 6～13 号点溶质浓度下降的幅度基本一致，平均降幅为 81%。

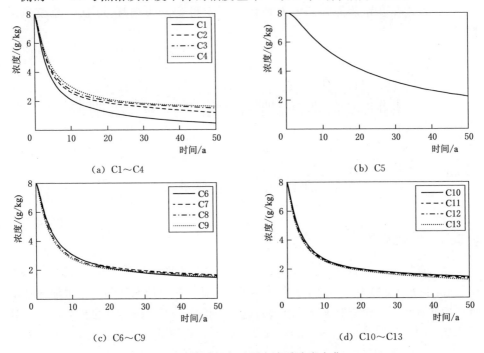

(a) C1～C4

(b) C5

(c) C6～C9

(d) C10～C13

图 6.7 均质坝各观测点溶质浓度变化

均质坝研究区域的溶质总量变化如图 6.8 所示。计算结果表明，在计算时域内，盐土防蚁屏障的外围溶质总量 [图 6.8 (a)] 逐渐增加至 111.2kg/m；NLSB（所有的掺盐区域）的内部溶质总量 [图 6.8 (b)] 和堤坝横截面内溶质总量 [图 6.8 (c)] 逐渐减少，降幅分别为 82% 和 6.6%；盐分运移淋洗出去的总量 [图 6.8 (d)] 逐渐增加至 9.8kg/m。

均质坝典型时刻模拟区域的溶质浓度分布如图 6.9 所示。胡寅等[54] 研究表明，浓度为 2g/kg 的盐土对白蚁已具有一定的致死效果和抗穿越能力。当 $t=10a$、20a、30a、40a、50a 时，浓度为 2g/kg 的区域面积分别为 21.5m²、16.7m²、7.6m²、4.4m² 和 2.6m²。

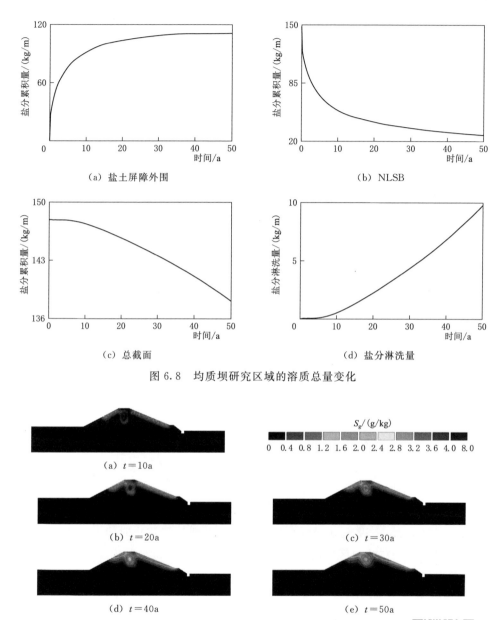

（a）盐土屏障外围

（b）NLSB

（c）总截面

（d）盐分淋洗量

图 6.8　均质坝研究区域的溶质总量变化

$S_g/(g/kg)$

0　0.4　0.8　1.2　1.6　2.0　2.4　2.8　3.2　3.6　4.0　8.0

（a）$t=10a$

（b）$t=20a$

（c）$t=30a$

（d）$t=40a$

（e）$t=50a$

图 6.9　均质坝典型时刻模拟区域的溶质浓度分布

图 6.9

初始时刻，NLSB 在模拟区域的总面积为 $9.4m^2$，$t=27a$ 时，浓度为 2g/kg 的区域面积为 $9.5m^2$。因此考虑防效性，NLSB 的保护范围先增大后减小；27 年后与初始时刻面积相当，当 $t=30a$、$40a$、$50a$ 时，NLSB 的保护范围分别减少 19%、53% 和 72%。均质坝典型时刻浓度为 2g/kg 的区域分布如图 6.10 所示，计算结果表明，与坡面附近区域相比，位于堤轴线附近套井回填区域内的盐分淡化速度相对平缓；迎水坡较背水坡要快。因此，在 NLSB 施工设计时，对于不同区域的初始掺盐浓度要区别对待，定义迎水坡和背水坡的初始掺盐浓度比 r_u、r_d 分别为

$$r_u = \frac{c_u}{c_a}$$

$$r_d = \frac{c_d}{c_a}$$

(6.2)

式中 c_u——迎水坡的初始掺盐浓度，g/kg；

      c_d——背水坡的初始掺盐浓度，g/kg；

      c_a——堤坝轴线的初始掺盐浓度，g/kg。

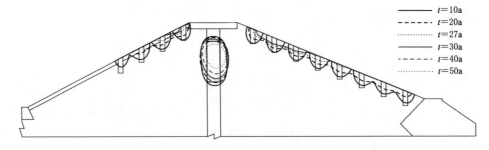

图 6.10   均质坝典型时刻浓度为 2g/kg 的区域分布

建议 $r_u = 2.0 \sim 2.5$；$r_d = 1.5 \sim 2.0$。在其他参数不变的情况下，选取 $r_u = 2.0$、$r_d = 1.5$ 作为优化方案，计算得到的均质坝典型时刻浓度为 2g/kg 的区域分布如图 6.11 所示。结果表明，采用优化方案设计，当 $t = 10a$、20a、30a、40a、50a 时，浓度为 2g/kg 的区域面积分别为 $34.6m^2$、$34.3m^2$、$32.5m^2$、$29.1m^2$ 和 $24.2m^2$，呈现缓慢减小的趋势，但直到计算截止时间 $t = 50a$ 时，与初始时刻 NLSB 在模拟区域的总面积 $9.4m^2$ 相比，面积仍增大 157%，能起到更好的白蚁防治效果。

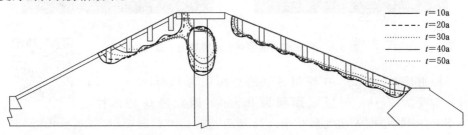

图 6.11   均质坝优化方案典型时刻浓度为 2g/kg 的区域分布

6.3　盐土防蚁屏障技术在心墙坝中的应用

2号坝水库大坝1964年开工兴建，1979年工程竣工。水库总库容为31万 m^3。主坝为心墙坝，坝顶宽为5m，坝长131m，坝高14.9m。如图6.12所示，除险加固时的防渗处理方案采用钻机冲抓套井回填，套井采用单排布置，防渗孔沿坝轴线偏上游布置，孔径为1.1m，回填后压实度大于0.96。与1号坝类似，在整个坝段进行套井回填，深入相对不透水层以下1.0m。当回填至85.30～90.57m高程时，回填土采用掺盐防渗黏土。在迎水坡87.07～92.07m高程和背水坡81.80～92.07m高程的坡面上，采用挖掘机挖孔、灌注盐水，然后回填夯实。

6.3.1　模型概化

堤坝盐土防蚁屏障中盐分的淡化分析采用HYDRUS软件，结合现场踏勘的结果，心墙坝模型的有限元计算网格及边界条件如图6.13所示，利用HYDRUS软件中的MESHGEN工具，采用二维三角形单元对模拟区域进行离散。概化模型计算域离散后包含7611个节点和14677个三角形单元。

6.3.2　初始条件和边界条件

与1号均质坝类似，2号心墙坝迎水坡和堤顶都铺设有不透水的混凝土预制块；背水坡为草皮护坡，种植土厚度为10cm，为简化计算，均假定为零通量边界。水库的正常蓄水位水头高度9.29m，设计洪水位水头高度10.25m，计算考虑年内水位波动，可变水头边界设置为

$$h(t)=\begin{cases} 5.29 & 0\leqslant t<60d,305d\leqslant t\leqslant 365d \\ 0.066t+1.29 & 60d\leqslant t<120d \\ 9.29 & 120d\leqslant t<170d,195d\leqslant t<245d \\ 0.096t-7.03 & 170d\leqslant t<180d \\ 10.25 & 180d\leqslant t<185d \\ -0.096t+28.01 & 185d\leqslant t<195d \\ -0.066t+25.62 & 245d\leqslant t<305d \end{cases} \quad (6.3)$$

可变水头边界如图6.14所示，假定可变水头循环50次，总模拟时间50a。

6.3.3　模型参数

结合除险加固工程土工试验的结果，心墙坝模型选用的水土特征参数见

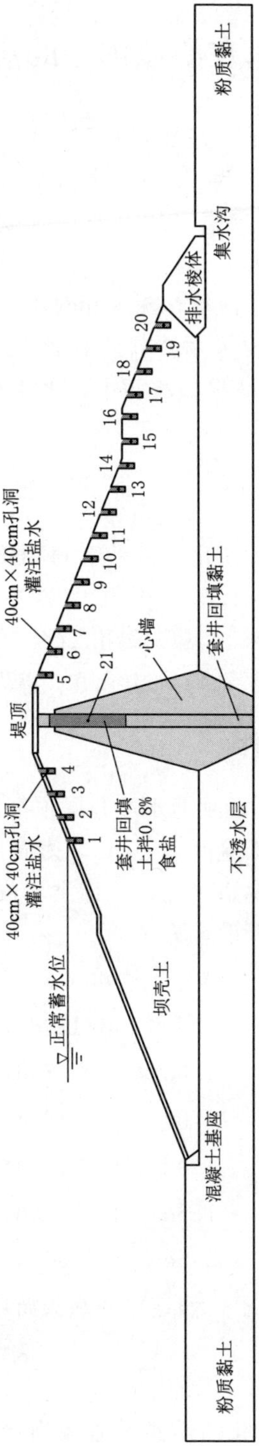

图 6.12 心墙坝盐土防蚁屏障施工

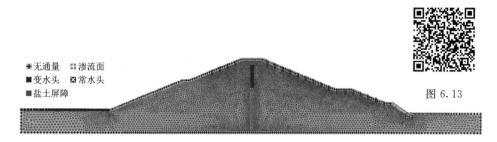

图 6.13　心墙坝模型的有限元计算网格及边界条件

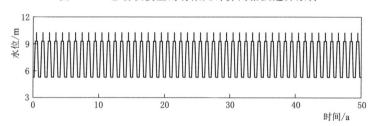

图 6.14　心墙坝模拟期间可变水头边界条件

表 6.3，假定回填黏土和心墙的物性参数一致。与 1 号均质坝类似，盐土防蚁屏障中套井回填拌 0.8% 的食盐，迎水坡和背水坡灌注盐水处理后达到相同的含盐量效果。溶质的运移模拟中，不考虑溶质的相互反应和吸附作用，纵向弥散度按照 Gelhar 经验法则[223]，根据式（3.11）确定[224]，取为 0.56m；横向弥散度取为纵向弥散度的 1/10；溶质的扩散系数取为 $D_d = 8.99 \times 10^{-5} \, \text{m}^2/\text{d}$[222]。

表 6.3 <center>心墙坝模型选用的水土特征参数</center>

模 型 参 数	坝壳土	心墙	堤身	回填黏土	排水棱体
土壤残余体积含水量 $\theta_r/(\text{m}^3/\text{m}^3)$	0.034	0.070	0.020	0.070	0.015
土壤饱和体积含水量 $\theta_s/(\text{m}^3/\text{m}^3)$	0.46	0.37	0.42	0.37	0.41
经验参数 α/m^{-1}	1.6	0.5	0.3	0.5	1.5
经验参数 n	1.37	1.09	1.30	1.09	2.68
经验参数 l	0.5	0.5	0.5	0.5	0.5
土壤饱和渗透系数 $K_s/(\text{m}/\text{d})$	0.02600	0.00108	0.00540	0.00108	108.00000

6.3.4　结果分析

图 6.15 是心墙坝各观测点溶质浓度变化，观测点的位置如图 6.12 所示。计算结果表明，各观测点的溶质浓度随着时间下降，但下降的幅度远小于均质坝；在计算截止时间 $t = 50\text{a}$ 时，在迎水坡侧，距离浸润线最近的 1 号点处溶质浓度

下降的幅度最大，由初始时刻的 8g/kg 下降为 1.96g/kg，降幅约 76％；位于套井回填中心处的 21 号点浓度下降的幅度最小，由初始时刻的 8g/kg 下降为 3.1g/kg，降幅为 61％；位于背水坡一侧的 6～13 号点溶质浓度下降的幅度基本一致，平均降幅为 70％。

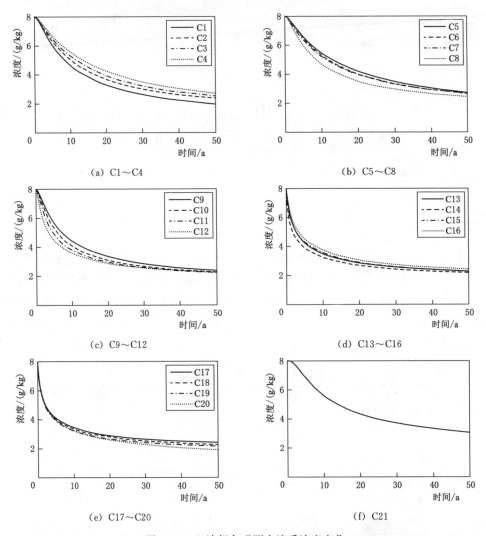

(a) C1～C4　　　　　　　　　　　　　(b) C5～C8

(c) C9～C12　　　　　　　　　　　　(d) C13～C16

(e) C17～C20　　　　　　　　　　　　(f) C21

图 6.15　心墙坝各观测点溶质浓度变化

　　心墙坝研究区域的溶质总量变化如图 6.16 所示。结果表明，在计算时域内，盐土防蚁屏障的外围溶质总量［图 6.16 (a)］逐渐增加至 157.3kg/m；NLSB（所有的掺盐区域）的内部溶质总量［图 6.16 (b)］和堤坝横截面内溶质总量［图 6.16 (c)］逐渐减少，降幅分别为 75％和 6％；盐分运移淋洗出去的总

量 [图 6.16 (d)] 逐渐增加至 13.8kg/m。

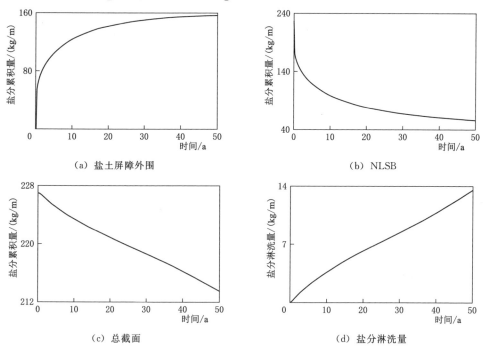

（a）盐土屏障外围

（b）NLSB

（c）总截面

（d）盐分淋洗量

图 6.16　心墙坝研究区域的溶质总量变化

心墙坝典型时刻模拟区域的溶质浓度分布如图 6.17 所示。初始时刻，NLSB 在模拟区域的总面积为 14.4m²；当 $t=10a$、20a、30a、40a、50a 时，浓度为 2g/kg 的区域面积分别为 39.2m²、43.4m²、45.1m²、44.9m² 和 42.8m²，呈现先增大后减小的趋势，但直到计算截止时间 $t=50a$ 时，NLSB 的防效性仍没有显著减小，与初始时刻 NLSB 在模拟区域的总面积相比，浓

图 6.17

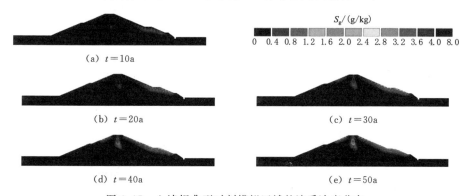

$S_g/(g/kg)$

0　0.4　0.8　1.2　1.6　2.0　2.4　2.8　3.2　3.6　4.0　8.0

（a）$t=10a$

（b）$t=20a$　　（c）$t=30a$

（d）$t=40a$　　（e）$t=50a$

图 6.17　心墙坝典型时刻模拟区域的溶质浓度分布

度为 2g/kg 的区域面积仍增大 203％。心墙坝典型时刻心墙坝浓度为 2g/kg 的区域分布如图 6.18 所示，由于弥散作用，尽管 NLSB（所有掺盐区域）的内部溶质总量随着时间显著减少，但盐分迁移的距离相对较短，且聚集在 NLSB 的周围，有利于长期保持 NLSB 的防效性。

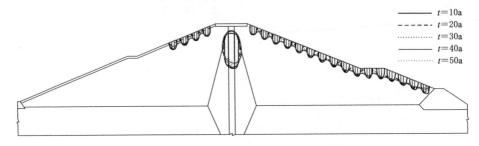

图 6.18　心墙坝典型时刻浓度为 2g/kg 的区域分布

6.4　本章小结

　　本章结合具体工程实践，以浙江省龙游县 2 座不同类型的水库大坝除险加固防蚁工程为例，采用数值模拟的方法，从盐分淡化的角度评价了现有套井回填堤坝盐土防蚁屏障技术的防效性，得到主要结论如下：

　　（1）堤坝浸润线的确定可选择具有代表性的断面进行渗流计算或图解法获得；采用冲抓套井回填技术，施工时在套井回填的黏性土中掺入食盐构造盐土防蚁屏障，形成连续的套接式黏土防渗墙，阻截渗流通道，起到防渗和防蚁的目的。

　　（2）对于均质坝，位于堤轴线附近套井回填区域内的盐分淡化速度相对平缓，迎水坡盐分淡化的速度快于背水坡；NLSB 的保护范围先增大后减小；27 年后与初始时刻面积相当，当 $t=30a$、$40a$、$50a$ 时，NLSB 的保护范围分别减少 19％、53％和 72％。

　　（3）在 NLSB 施工设计时，推荐增大均质坝迎水坡和背水坡的初始掺盐浓度。计算结果表明，将均质坝 NLSB 在迎水坡的初始掺盐浓度增大至 16g/kg、背水坡的初始掺盐浓度增大至 12g/kg，50 年后 NLSB 的保护面积较初始时刻仍增大 157％，能起到更好的白蚁防治作用。

　　（4）心墙坝掺盐区溶质浓度随着时间下降的幅度远小于均质坝。计算结果表明，50 年后心墙坝 NLSB 的防效性仍没有显著减小，与初始时刻 NLSB 的总面积相比，浓度为 2g/kg 的区域面积仍增大 203％。

第 7 章

结 论 与 展 望

7.1 结论

本书采用资料分析、现场观测、室内试验和数值模拟相结合的方法,对堤坝蚁穴多孔隙结构和盐土防蚁屏障的水盐运移机理进行了研究。对国内外有关该课题的研究进展进行简要的概括与评述,针对分布地区、白蚁种类及蚁穴和周边土壤性状,较系统地分析白蚁对环境 pH 因子的选择性;结合堤坝白蚁巢穴结构的主要特点,开展白蚁通道大孔隙流室内土柱试验与模拟;采用数值模拟的方法,研究不同堤坝蚁穴系统结构的水力特点及其整体和局部稳定性;系统分析堤坝盐土防蚁屏障盐分淡化特征及其影响因素;结合具体工程实践,从盐分淡化的角度评价现有套井回填堤坝盐土防蚁屏障技术的防效性。本书得出以下结论:

(1)结合国内外学者在白蚁巢穴土体 pH 值特性方面的研究成果和钱塘江海塘典型区段白蚁调查的结果,分析白蚁对环境 pH 值的选择性。研究结果表明,大多数白蚁喜好偏酸性的土壤环境;且大多数白蚁的活动导致了土壤 pH 值的增长;用饱和增长率模型,对 117 组文献统计数据进行分析,建立蚁巢和周边环境土壤的 pH 值关系的双参数拟合公式;根据白蚁对土壤 pH 值的选择性,构建合理的盐土屏障，能有效地降低白蚁危害。

（2）通过白蚁通道大孔隙流室内土柱试验，分析大孔隙优先流的运移特点。结果表明，白蚁通道优先流特征显著，在土柱试验中，人造大孔隙的截面积仅占土柱截面积约 1‰，但累积大孔隙出流量占土柱底部累积出流量的 80% 以上；由于白蚁通道大孔隙的存在，基质土壤中的溶质运移曲线具有不对称性和拖尾现象。随着深度的增加，溶质逐渐以活塞方式向下运移，浓度曲线峰值降低，到达峰值所用的时间增加，溶质淡化的速度减弱。

（3）将 HYDRUS 软件模拟结果与试验结果进行了对比，分析表明：模型检验统计指标均在可接受范围内，均方根误差相对较小；标准均方根误差在 0.04～0.19 之间，模拟结果和实测结果的一致性比较好；模型效率系数为 0.89～0.98；本书提出的基于 HYDRUS 的大孔隙流水盐运移的数值模拟方法有效，可为研究现场尺度白蚁巢穴的稳定性及水盐运移规律提供一种数值化的模拟手段。

（4）堤坝蚁穴系统具有典型的三维结构，白蚁主巢及菌圃的分布趋势在堤坝内表现为垂向线性下移与由坡面水平辐射两种方式，因而使成年蚁巢的结构具有复杂多样性；结合现场调查的结果，根据蚁道和主槽的连通性关系，将堤坝土栖白蚁的成年蚁巢概化为 3S 模型，即直通式、虹吸式和串联式。

（5）白蚁巢穴的存在影响了堤坝浸润锋的几何形态，并对其浸润线和下游边坡的渗流通量产生了较大的影响。由于大孔隙优先流的存在，含直通式、虹吸式和串联式蚁穴结构土质堤坝渗流面的水通量分别为 13.1(m³/d)/m、3.2(m³/d)/m 和 1.8(m³/d)/m，远大于均质坝渗流面的水通量 0.0015(m³/d)/m。

（6）白蚁巢的存在影响土质堤坝的整体稳定性。土质堤坝迎水坡和背水坡的安全系数随着浸润线上升而减小，随着浸润线下降而增大；白蚁巢穴的存在对背水坡整体稳定性的影响较迎水坡要大，安全系数最大降低幅度达到 17%。

（7）背水坡白蚁巢穴通道的堵塞会造成土质堤坝局部失稳塌陷。堵塞形成以后，蚁道出水口附近由于覆盖土层相对较薄，产生滑塌概率增大；局部失稳区向下游斜坡上部扩展迅速；大孔隙通道的堵塞段长度是蚁穴导致土质堤坝背水坡局部失稳的重要因素。

（8）基于 HYDRUS 软件，采用空间矩分析方法，研究了掺盐土体盐分淡化机理。洪水出现频次的增加，主要对盐分水平侧向位移和扩展造成显著的影响，盐土防蚁屏障中的盐分淡化随着洪水频次增加而加剧，但主要影响迎水坡一侧的盐分运移；随着土壤饱和渗透系数的增大，土壤水盐运移的平均速度增大，溶质运移到背水坡渗透面所需要的时间变短，且溶质水平入渗对渗透系数的响应更敏感；在考虑降雨入渗的条件下，背水坡表层土壤水分含量迅速增加，随着入渗量的增大，土壤水盐运移的平均速度显著增大，背水坡一侧的盐分淡化最快。

（9）蚁道大孔隙形成以后，在蚁道附近存在局部的绕流现象，影响水分运移路径的长度及其倾斜程度，溶质更容易沿着大孔隙优势通道捷径式运移，形成不规则的指流，加快盐分的淋洗；随着蚁道位置的降低，无论是垂直方向还是水平方向溶质扩展的范围都会逐渐缩窄；与均质坝相比，存在全贯通的蚁道时，盐分运移淋洗的总量增加69%。

（10）经过优化后的堤坝盐土防蚁屏障掺盐区位于堤坝外廓线1.0m以下、浸润线1.0m以上的范围；堤坝浸润线的确定可选择具有代表性的断面进行渗流计算或图解法获得；采用冲抓套井回填技术，施工时在套井回填的黏性土中掺入食盐构造盐土防蚁屏障，形成连续的套接式黏土防渗墙，能起到防渗和防蚁的目的；套井回填区初始时刻溶质浓度选定为8g/kg，推荐均质坝迎水坡和背水坡的初始掺盐浓度分别增大至16g/kg和12g/kg。

（11）结合具体工程实践的研究表明，位于堤轴线附近套井回填区域内的盐分淡化相对平缓，堤坝迎水坡盐分淡化的速度快于背水坡，心墙坝掺盐区溶质浓度随着时间下降的幅度远小于均质坝；采用优化后的初始掺盐浓度布置盐土防蚁屏障，在均质坝和心墙坝中其防效性均可以达到50年。

本书的主要创新点在于：

（1）采用饱和增长率模型，建立蚁巢和周边环境土壤pH值的双参数拟合公式；根据蚁道和主巢的连通性关系，提出堤坝土栖白蚁直通式、虹吸式和串联式蚁巢结构概化模型。

（2）利用自主设计的室内土柱试验装置，研究白蚁通道大孔隙流及其影响下的基质土壤中溶质运移规律；提出大孔隙流水盐运移的数值模拟方法，并进行可行性验证。

（3）基于非饱和渗流数值模型，分析堤坝蚁穴系统的水力特征；采用简化的Bishop法和正压冲刺的破坏条件分别进行整体和局部稳定性评价，论证了堤坝蚁穴系统的水力致灾机理。

（4）采用描述非饱和带多孔介质中水分运移的Richards方程和溶质运移的CDE对流-弥散方程，研究堤坝盐土防蚁屏障水盐运移规律，揭示其盐分淡化机理，厘清盐土防治白蚁新技术的防效性，并指导工程实践。

7.2 展望

盐土防蚁屏障作为堤坝土栖白蚁防治的创新技术，经过近20年的推广实践，已在浙江省内得到广泛应用，取得了一定的经济效益和社会效益，本书从掺盐土体盐分淡化特征的角度，为该技术的进一步推广应用提供了必要的技术支撑；但书中有些方面分析尚不够透彻，有些基础工作还未涉及。下面结合本书的不足之处，提出以下进一步研究的建议：

（1）堤坝蚁穴系统具有典型的三维结构，其非饱和渗流分析是一个真正的三维问题。受计算效率和模型概化参数选取等方面的限制，本书采用等效的平面二维问题分析方法，显然对于具体工程问题的研究还具有局限性。因此，利用新型的加速并行技术和三维模型，开展堤坝蚁穴和盐土防蚁屏障水盐运移机理研究，同时充分考虑水土相互作用和物质运移，提高模型预测效率和精度是今后研究的重点。

（2）本书在模型中未考虑背水坡一侧草皮护坡等植被对盐土防蚁屏障水盐运移的影响。随着生态堤防工程的推进，传统的堤坝背水坡设计理念和植被种植方式将有较大的改变。在水盐运移模型中考虑植物根系的贡献，或采用土壤水盐与植物生长耦合模型，能提高模型的模拟精度，有利于更准确地预测掺盐土体的有效防治时间。

（3）现场测试与数值模拟相结合。本书的结论大部分是基于数值模拟获得的，然而即使是再复杂的数学模型，也只是对工程问题的近似处理，仍不免有考虑不到之处；同时越是复杂的模型，对参数精度的要求也越苛刻，但实际中很难准确的获得。因此，对盐土防蚁屏障盐分淡化机理的模拟分析还需要结合大量的现场试验结果来验证。

参　考　文　献

[1] MARTINEZ-DELCLOS X, MARTINELL J. The oldest known record of social insects [J]. Journal of Paleontology, 1995, 69: 594 - 599.

[2] CHOUVENC T, LI H F, SU N Y. Connecting termite researchers from around the world at ICE 2016 [J]. American Entomologist, 2018, 64 (3): 152 - 154.

[3] VERMA M, SHARMA S, PRASAD R. Biological alternatives for termite control: a review [J]. International Biodeterioration and Biodegradation, 2009, 63: 959 - 972.

[4] DONOVAN S E, GRIFFITHS G J K, HOMATHEVI R, et al. The spatial pattern of soil-dwelling termites in primary and logged forest in Sabah, Malaysia [J]. Ecological Entomology, 2007, 32: 1 - 10.

[5] JOUQUET P, HARIT A, CHEIK S, et al. Termites: soil engineers for ecological engineering [J]. Comptes Rendus Biologies, 2019, 342: 258 - 259.

[6] JOUQUET P, CHAUDHARY E, KUMAR A R V. Sustainable use of termite activity in agro-ecosystems with reference to earthworms. A review [J]. Agronomy for Sustainable Development, 2018, 38 (3): 1 - 11.

[7] SU N - Y. Development of baits for population management of subterranean termites [J]. Annual Review of Entomology, 2019, 64: 115 - 130.

[8] RUST M K, SU N - Y. Managing social insects of urban importance [J]. Annual Review of Entomology, 2012, 57: 355 - 375.

[9] GROHMANN C. Termite mediated heterogeneity of soil and vegetation patterns in a semi-arid savanna ecosystem in Namibia [D]. Wurzburg: University of Wurzburg, 2010.

[10] ZACHARIAH N, DAS A, MURTHY T G, et al. Building mud castles: a perspective from brick-laying termites [J]. Scientific Reports, 2017, 7 (1): 4692.

[11] CHEIK S, BOTTINELLI N, MINH T T, et al. Quantification of three dimensional characteristics of macrofauna macropores and their effects on soil hydraulic conductivity in northern Vietnam [J]. Frontiers in Environmental Science, 2019, 7: 1 - 10.

[12] 蔡邦华, 陈宁生, 陈安国, 等. 黑翅土白蚁 Odontotermes formosanus (Shiraki) 的蚁巢结构及其发展 [J]. 昆虫学报, 1965, 14 (1): 53 - 70.

[13] 李栋. 堤坝白蚁 [M]. 成都: 四川科学技术出版社, 1989.

[14] 王大学. 动植物群落与清代江南海塘的防护 [J]. 中国历史地理论丛, 2003, 18 (4): 92 - 99.

[15] HENDERSON G. The termite menace in New Orleans: did they cause the floodwalls to tumble? [J]. American Entomologist, 2008, 54: 156 - 162.

[16] SU N Y. Novel technologies for subterranean termite control [J]. Sociobiology, 2002, 39 (3): 1 - 7.

[17] ACDA M N. Sustainable termite management using physical barriers [M] //Khan MA, Ahmad W. Termites and sustainable management, sustainability in plant and crop protection. New York: Springer, 2018: 219-232.

[18] EVANS T A, IQBAL N. Termite (order Blattodea, infraorder Isoptera) baiting 20 years after commercial releases [J]. Pest Management Science, 2015, 71: 897-906.

[19] SU N Y. A fluid bait for remedial control of subterranean termites [J]. Journal of Economic Entomology, 2015,108 (1): 274-276.

[20] SU N Y. Technological needs for sustainable termite management [J]. Sociobiology, 2011, 58 (1): 229-239.

[21] 辛尔诚. 浅谈盐碱土对白蚁的影响 [C] //张芝利，朴永范，吴钜文. 中国有害生物综合治理论文集. 北京：中国农业科技出版社，1996.

[22] MAAYIEM D, BERNARD B N, IRUNUOH A O. Indigenous knowledge of termite control: a case study of five farming communities in Gushegu District of Northern Ghana [J]. Journal of Entomology and Nematology, 2012, 4 (6): 58-64.

[23] 陈来华，潘存鸿，陈森美，等. 利用食盐预防白蚁入侵堤坝的新技术 [J]. 岩土工程学报，2011, 33 (1): 140-144.

[24] 陈来华. 白蚁危害堤坝的根治技术应用研究 [R]. 杭州：浙江省水利河口研究院技术报告，2015.

[25] LI Y, DONG Z Y, PAN D Z, et al. Effect of termite on soil pH and its application for termite control in Zhejiang Province, China [J]. Sociobiology, 2017, 64 (3): 317-326.

[26] LI Y, DONG Z-Y, PAN D-Z, et al. Effects of subterranean termite nest architectures on earth embankment seepage and stability [J]. Paddy and Water Environment, 2020, 18: 367-384.

[27] 高加成，甘新民. 堤坝蚁穴发育规律及早期防治措施研究 [J]. 湖南理工学院学报（自然科学版），2003, 16 (3): 87-90.

[28] 李栋，黄复生. 蚁患致崩堤垮坝的因子研究 [J]. 白蚁科技，1991, 8 (2): 18-23.

[29] 李栋，赵元，石锦祥，等. 白蚁巢系破坏堤坝稳定性的研究 [J]. 生态学报，1986, 6 (1): 60-64.

[30] 高加成，刘晓红，甘新民. 堤坝蚁穴系统的水力：岩土模型及稳定性 [J]. 自然灾害学报，2004, 13 (5): 55-61.

[31] 范连志，甘胜丰，周永强. 水利堤坝工程闸泵区段蚁害隐患模型研究 [J]. 中国水能及电气，2016 (10): 63-68.

[32] BAYOUMI A, MEGUID M A. Wildlife and safety of earthen structures: a review [J]. Journal of Failure Analysis and Prevention, 2011, 11: 295-319.

[33] SAGHAEE G, MOUSA A A, MEGUID M A. Experimental evaluation of the performance of earth levees deteriorated by wildlife activities [J]. Acta Geotechnica, 2016, 11: 83-93.

[34] SAGHAEE G, MOUSA A A, MEGUID M A. Plausible failure mechanisms of wildlife-damaged earth levees: insights from centrifuge modeling and numerical analysis [J]. Canadian Geotechnical Journal, 2017, 54: 1496-1508.

[35] DASSANAYAKE S M, MOUSA A. Probabilistic stability evaluation for wildlife-damaged earth dams: a Bayesian approach [J]. Georisk Assessment and Management of

Risk for Engineered Systems and Geohazards，2018：1 - 15.

[36] 何利文，叶兼菱，侍甜，等. 金属盐在白蚁防治中的研究进展 [J]. 中国媒介生物学及控制杂志，2018，29（4）：407 - 412.

[37] LEBOW S，WOODWARD B，CRAWFORD D，et al. Resistance of borax-copper treated wood in aboveground exposure to attack by formosan subterranean termites [R]. Madison：United States Department of Agriculture，Forest Service，Forest Products Laboratory，2005.

[38] USTA M，USTAOMER D，KARTAL S N，et al. Termite resistance of MDF panels treated with various boron compounds [J]. International Journal of Molecular Sciences，2009，10（6）：2789 - 2797.

[39] LOPEZ-NARANJO E J，ALZATE-GAVIRIA L M，HERNANDEZ-ZARATE G，et al. Termite resistance of wood-plastic composites treated with zinc borate and borax [J]. Journal of Thermoplastic Composite Materials，2016，29（2）：281 - 293.

[40] 汪亦中，宋建新，周云，等. 4 种硼酸盐对台湾乳白蚁的毒效研究 [J]. 安徽农业科学，2014，42（32）：11335，11365.

[41] BRILL W J，ELA S W，BREZNAK J A. Termite killing by molybdenum and tungsten compounds [J]. Naturwissenschaften，1987，74（10）：494 - 495.

[42] CHEN G C，ROWELL R M. Fungal and termite resistance of wood reacted with periodic acid or sodium periodate [J]. Wood and Fiber Science，1989，21（2）：163 - 168.

[43] KOSE C，TERZI E，KARTAL S N. Evaluation of decay and termite resistance of wood treated with copper in combination with boron and N'- N -(1, 8-naphthalyl) hydroxylamine (NHA-Na) [J]. International Biodeterioration and Biodegradation，2009，63（6）：727 - 731.

[44] CLAUSEN C A，KARTAL N S，ARANGO R A，et al. The role of particle size of particulate nano-zinc oxide wood preservatives on termite mortality and leach resistance [J]. Nanoscale Research Letters，2011，6（1）：465.

[45] PAN C，RUAN G，CHEN H，et al. Toxicity of sodium fluoride to subterranean termites and leachability as a wood preservative [J]. European Journal of Wood and Wood Products，2015，73（1）：97 - 102.

[46] BAYATKASHKOLI A，KAMESHKI B，RAVAN S，et al. Comparing of performance of treated particleboard with alkaline copper quat，boron-fluorine-chromium- arsenic and Chlorotalonil against Microcerotermes diversus and Anacanthotermes vagans termite [J]. International Biodeterioration and Biodegradation，2017,120：186 - 191.

[47] 何利文，黄晓光，侍甜，等. 氯化铜与茚虫威对台湾乳白蚁联合作用的研究 [J]. 中华卫生杀虫药械，2018，24（1）：81 - 87.

[48] 邓其生. 我国古代建筑的木材防腐技术 [J]. 建筑技术，1979（10）：62 - 65.

[49] ALKALI U U，MUKTAR A. Effect of locally prepared compounds on the resistance of gum Arabic wood to termite attack [J]. Journal of Environmental Issues and Agriculture in Developing Countries，2011，3（2）：128 - 132.

[50] FAGBOHUNKA B S，EZIMA E N，ADEYANJU M M，et al. Inhibition studies of some key enzymes of the termite Amitermes eveuncifer (Silverstri) workers：clue to

termites [J]. Science Focus, 2014, 19 (1): 81 – 87.

[51] FAGBOHUNKA B S, ADEYANJU M M, EZIMA E N, et al. Activities of a cellulase of the termite, Ametermes eveuncifer (Silverstri) soldier: clue to termites salt intolerance [J]. Journal of Natural Sciences Research, 2015, 5 (1): 117 – 123.

[52] FAGBOHUNKA B S, OKONJI R E, ADENIKE A Z. Purification and characterization of cellulase from Termite Ametermes eveuncifer (Silverstri) soldiers [J]. International Journal of Biology, 2017, 9 (1): 1 – 9.

[53] 陈来华, 潘存鸿, 陈式华. 氯化钠含量对黑翅土白蚁生存的影响 [J]. 应用昆虫学报, 2014, 51 (3): 802 – 807.

[54] 胡寅, 宋晓钢, 陈来华, 等. 盐土防治白蚁效果研究 [J]. 中国媒介生物学及控制杂志, 2014, 25 (2): 148 – 151.

[55] HUME D L. Termite blocking system [P]. United States Patent, US005094028A, 1992.

[56] 陈来华, 徐有成. 盐碱土壤防治堤坝蚁害初探 [J]. 科技通报, 2003, 19 (6): 502 – 504,508.

[57] 陈来华. 钱塘江北岸海塘蚁患的原因及防治 [J]. 浙江水利科技, 2002 (2): 34 – 35.

[58] 李秋剑, 钟俊鸿, 刘炳荣, 等. 土栖性白蚁的防治技术研究概况 [J]. 江西农业学报, 2016, 28 (2): 74 – 77.

[59] EASTON Z, BOCK E. Soil and soil water relationships [R]. Petersburg: Virginia State University, 2016.

[60] BUTTLE J M, LEIGH D G. The influence of artificial macropores on water and solute transport in laboratory soil columns [J]. Journal of Hydrology, 1997, 17: 290 – 314.

[61] 李伟莉, 金昌杰, 王安志, 等. 土壤大孔隙流研究进展 [J]. 应用生态学报, 2007, 18 (4): 888 – 894.

[62] LUXMOORE R J, FERRAND L A. Towards pore scale analyses of preferential flow and chemical transport [M] //RUSSO D, DAGAN G. Water flow and solute transport in soils: developments and applications. New York: Springer-Verlag, 1993: 45 – 60.

[63] NELSON W R, BAVER L D. Movement of water through soils in relation to the nature of the pores [J]. Soil Science Society of America, Proceedings, 1940, 5: 69 – 76.

[64] MARSHALL T J. Relations between water and soil [R]. Harpenden: Commonwealth Bureau of Soils, 1959.

[65] BREWER R. Fabric and mineral analysis of soils [M]. New York: John Wiley, 1964.

[66] MCDONALD P M. Disposition of soil moisture held in temporary storage in large pores [J]. Soil Science, 1967, 103 (2): 139 – 143.

[67] WEBSTER J. The hydrologic properties of the forest floor under beech/podocarp/hardwood forest, North Westland [D]. Christchurch: University of Canterbury, 1974.

[68] RANKEN D W. Hydrologic properties of soil and subsoil on a steep forested slope [D]. Corvallis: Oregon State University, 1974.

[69] BULLOCK P, THOMASSON A J. Rothamsted studies of soil structure II. Measurement and characterisation of macroporosity by image analysis and comparison with data from water retention measurements [J]. European Journal of Soil Science, 1979, 30 (3): 391 – 414.

[70] REEVES M J. Recharge of the English chalk, a possible mechanism [J]. Engineering

Geology, 1980, 14 (4): 231 - 240.

[71] LUXMOORE R J. Micro meso and macroporosity of soil [J]. Soil Science Society of America Journal, 1981, 45: 671.

[72] BEVEN K, GERMANN P. Water flow in soil macropores II. A combined flow model [J]. European Journal of Soil Science, 1981, 32: 15 - 29.

[73] BEVEN K, GERMANN P. Macropores and water flow in soils [J]. Water Resources Research, 1982, 18: 1311 - 1325.

[74] CRESSWELL H P, PAINTER D J, CAMERON K C. Tillage and water content effects on surface soil hydraulic properties and shortwave albedo [J]. Soil Science Society of America Journal, 1993, 57: 816 - 824.

[75] Soil Science Glossary Terms Committee. Glossary of soil science terms 2008 [M]. Madison: Soil Science Society of America, 2008.

[76] KORDEL W, EGLI H, KLEIN M. Transport of pesticides via macropores (IUPAC Technical Report) [J]. Pure and Applied Chemistry, 2008, 80 (1): 105 - 160.

[77] SKOPP J. Comment on "micro, meso, and macroporosity of soil" [J]. Soil Scienct Society of America Journal, 1981, 45: 1246 - 1250.

[78] 张中彬, 彭新华. 土壤裂隙及其优先流研究进展 [J]. 土壤学报, 2015, 52 (3): 477 - 488.

[79] 陈效民, 黄德安, 吴华山. 太湖地区主要水稻土的大孔隙特征及其影响因素研究 [J]. 土壤学报, 2006, 43 (3): 509 - 512.

[80] BODHINAYAKE W, SI B C. Near-saturated surface soil hydraulic properties under different land uses in the St. Denis National Wildlife Area, Saskatchewan, Canada [J]. Hydrological Processes, 2004, 18 (15): 2835 - 2850.

[81] DARWIN C R. The formation of vegetable mould, through the action of worms, with observations on their habits [M]. London: John Murray, 1881.

[82] LEONARD J, PERRIER E, RAJOT J L. Biological macropores effect on runoff and infiltration: a combined experimental and modelling approach [J]. Agriculture, Ecosystems and Environment, 2004, 104: 277 - 285.

[83] EHLERS W. Observations on earthworm channels and infiltration on tilled and untilled loess soil [J]. Soil Science, 1975, 119: 242 - 249.

[84] BEVEN K, GERMANN P. Macropores and water flow in soils revisited [J]. Water Resource Research, 2013, 49: 3071 - 3092.

[85] JOUQUET P, JANEAU J - L, PISANO A, et al. Influence of earthworms and termites on runoff and erosion in a tropical steep slope fallow in Vietnam: a rainfall simulation experiment [J]. Applied Soil Ecology, 2012, 61: 161 - 168.

[86] AMOSSE J, TURBERG P, KOHLER-MILLERET R, et al. Effects of endogeic earthworms on the soil organic matter dynamics and the soil structure in urban and alluvial soil materials [J]. Geoderma, 2015, 243 - 244: 50 - 57.

[87] ANDRIUZZI W S, PULLEMAN M M, SCHMIDT O, et al. Anecic earthworms (Lumbricus terrestris) alleviate negative effects of extreme rainfall events on soil and plants in field mesocosms [J]. Plant and Soil, 2015, 397: 103 - 113.

［88］ AINA P O. Contributio of earthworms to porosity and water infiltration in a tropical soil under forest and long-term cultivation ［J］. Pedobiologia, 1984, 26: 131-136.

［89］ JOSCHKO M, SOCHTIG W, LARINK O. Functional relationship between earthworm burrows and soil water movement in column experiments ［J］. Soil Biology and Biochemistry, 1992, 24 (20): 1545-1547.

［90］ BASTARDIE F, CAPOWIEZ Y, DE DREUZY J R, et al. X-ray tomographic and hydraulic characterization of burrow by three earthworm species in repacked soil cores ［J］. Applied Soil Ecology, 2003, 24: 3-16.

［91］ CHEN X W, CHANG L, LIANG A Z, et al. Earthworm positively influences large macropores under extreme drought conditions and conservation tillage in a Chinese mollisol ［J］. Applied Ecology and Environmental Research, 2018, 16 (1): 663-675.

［92］ BENCKISER G. Ants and sustainable agriculture. A review ［J］. Agronomy for Sustainable Development, 2010, 30 (2): 191-199.

［93］ MAJER J D, WALKER T C, BERLANDIER F. The role of ants in degraded soils within Dryandra state forest ［J］. Mulga Research Journal, 1987, 9: 15-16.

［94］ LEITE P A M, CARVALHO M C, WILCOX B P. Good ant, bad ant? Soil engineering by ants in the Brazilian Caatinga differs by species ［J］. Geoderma, 2018, 323: 65-73.

［95］ 张家明. 黄土高原水蚀风蚀交错带小流域植被恢复的水土环境效应研究 ［D］. 昆明: 昆明理工大学, 2013.

［96］ 闫加亮, 赵文智, 张勇勇. 绿洲农田土壤优先流特征及其对灌溉量的响应 ［J］. 应用生态学报, 2015, 26 (5): 1454-1460.

［97］ 杨析, 邵明安, 李同川, 等. 黄土高原北部日本弓背蚁巢穴结构特征及其影响因素 ［J］. 土壤学报, 2018, 55 (4): 868-878.

［98］ TURNER J S. On the mound of Macrotermes michaelseni as an organ of respiratory gas exchange ［J］. Physiological and Biochemical Zoology, 2001, 74: 798-822.

［99］ TURNER J S. Termites as mediators of the water economy of arid savanna ecosystems ［M］//D'ODORICO P, PORPORATO A, RUNYAN C W. Dryland ecohydrology. Cham: Springer, 2006: 401-414.

［100］ LEONARD J, RAJOT J L. Influence of termites on runoff and infiltration: quantification and analysis ［J］. Geoderma, 2001, 104: 17-40.

［101］ CHEN C, WU J, ZHU X, et al. Hydrological characteristics and functions of termite mounds in areas with clear dry and rainy seasons ［J］. Agriculture, Ecosystems and Environment, 2019, 277: 25-35.

［102］ WEILER M, FLUHLER H. Inferring flow types from dye patterns in macroporous soils ［J］. Geoderma, 2004, 120 (1-2): 137-153.

［103］ 刘目兴, 杜文正. 山地土壤优先流路径的染色示踪研究 ［J］. 土壤学报, 2013, 50 (5): 871-880.

［104］ BOUMA J, JONGERIUS A, BOERSMA O, et al. The function of different types of macropores during saturated flow through four swelling soil horizons ［J］. Soil Science Society of America Journal, 1977, 41: 945-950.

[105] GHODRATI M, JURY W A. A field study using dyes to characterize preferential flow of water [J]. Soil Science Society of America Journal, 1990, 54 (6): 1558 - 1563.

[106] FLURY M, FLUHLER H, JURY W A, et al. Susceptibility of soils to preferential flow of water: a field study [J]. Water Resources Research, 1994, 30 (7): 1945 - 1954.

[107] 李文凤, 张晓平, 梁爱珍, 等. 不同耕作方式下黑土的渗透特性和优先流特征 [J]. 应用生态学报, 2008, 19 (7): 1506 - 1510.

[108] WANG Z, LU J H, WU L S, et al. Visualizing preferential flow paths using ammonium carbonate and a pH indicator [J]. Soil Science Society of America Journal, 2002, 66 (2): 347 - 351.

[109] MORRIS C, MOONEY S J. A high-resolution system for the quantification of preferential flow in undisturbed soil using observations of tracers [J]. Geoderma, 2004, 118 (1): 133 - 143.

[110] ALLAIRE S E, ROULIER S, CESSNA A J. Quantifying preferential flow in soils: a review of different techniques [J]. Journal of Hydrology, 2009, 378: 179 - 204.

[111] ALLAIRE-LEUNG S E, GUPTA S C, MONCRIEF J F. Dye adsorption in a loam soil as influenced by Potassium Bromide [J]. Journal of Environmental Quality, 1999, 28: 1831 - 1837.

[112] NOBLES M M, WILDING L P, LIN H S. Flow pathways of bromide and Brilliant Blue FCF tracers in caliche soils [J]. Journal of Hydrology, 2010, 393: 114 - 122.

[113] PERSSON M, YASUDA H, ALBERGEI J, et al. Modeling plot scale dye penetration by a diffusion limited aggregation (DLA) model [J]. Journal of Hydrology, 2001, 250: 98 - 105.

[114] WANG K, ZHANG R D. Heterogeneous soil water flow and macropores described with combined tracers of dye and iodine [J]. Journal of Hydrology, 2011, 397: 105 - 117.

[115] LU J, WU L. Visualizing bromide and iodide water tracer in soil profiles by spray methods [J]. Journal of Environmental Quality, 2003, 32: 363 - 367.

[116] ROMERO-RUIZ A, LINDE N, KELLER T, et al. A review of geophysical methods for soil structure characterization [J]. Reviews of Geophysics, 2018, 56: 672 - 697.

[117] VANDERBORGHT J, KEMNA A, HARDELAUF H, et al. Potential of electrical resistivity tomography to infer aquifer transport characteristics from tracer studies: a synthetic case study [J]. Water Resource Research, 2005, 41 (6): 1 - 23.

[118] HARARI Z. Ground-penetrating radar (GPR) for imaging stratigraphic features and groundwater in sand dunes [J]. Journal of Applied Geophysics, 1996, 36 (1): 43 - 52.

[119] POSADAS D A N, PANEPUCCI H, CRESTANA S. Magnetic resonance imaging as a non-invasive technique for investigating 3 - D preferential flow occurring within stratified soil samples [J]. Computers and Electronics in Agriculture, 1996, 14 (4): 255 - 267.

[120] KELLER T, COLOMBI T, RUIZ S, et al. Long-term soil structure observatory for monitoring post-compaction evolution of soil structure [J]. Vadose Zone Journal, 2017, 16: 1 - 16.

[121] WARNER G S, NIEBER J L, MOORE I D, et al. Characterizing macropores in soil

by computed tomography [J]. Soil Science Society of America Journal, 1989, 53 (3): 653 – 660.

[122] ANDERSON S H, PEYTON R L, GANTZER C J. Evaluation of constructed and natural soil macro-pores using X-ray computed tomography [J]. Geoderma, 1990, 46 (1/3): 13 – 29.

[123] ZENG Y, PAYTON R L, GANTZER C J, et al. Fractal dimension and lacunarity of bulk density determined with X-ray computed tomography [J]. Soil Science Society of America Journal, 1996, 60 (6): 1718 – 1724.

[124] LUO L, LIN H, SCHMIDT J. Quantitative relationships between soil macropore characteristics and preferential flow and transport [J]. Soil Science Society of America Journal, 2010, 74: 1929 – 1937.

[125] NAVEED M, MOLDRUP P, SCHAAP M G, et al. Prediction of biopore- and matrix-dominated flow from X-ray CT-derived macropore network characteristics [J]. Hydrology and Earth System Sciences, 2016, 20: 4017 – 4030.

[126] YANG Y, WU J, ZHAO S, et al. Assessment of the responses of soil pore properties to combined soil structure amendments using X-ray computed tomography [J]. Scientific Reports, 2018, 8 (1): 695.

[127] BOUMA J, ANDERSON J L. Water and chloride movement through soil columns simulating pedal soils [J]. Soil Science Society of America Journal, 1977, 41: 766 – 770.

[128] ELA S D, GUPTA S C, RAWLS W J. Macropore and surface seal interactions affecting water infiltration into soil [J]. Soil Science Society of America Journal, 1992, 56: 714 – 721.

[129] LI Y, GHODRATI M. Preferential transport of solute through soil columns containing constructed macropores [J]. Soil Science Society of America Journal, 1997, 61: 1308 – 1317.

[130] CASTIGLIONE P, MOHANTY B P, SHOUSE P J, et al. Lateral water diffusion in an artificial macroporous system: modeling and experimental evidence [J]. Vadose Zone Journal, 2003, 2: 212 – 221.

[131] KOHNE J M, MOHANTY B P. Water flow processes in a soil column with a cylindrical macropore: experiment and hierarchical modeling [J]. Water Resources Research, 2005, 41 (3): 1 – 17.

[132] AKAY O, FOX G A. Experimental investigation of direct connectivity between macropores and subsurface drains during infiltration [J]. Soil Science Society of America Journal, 2007, 71 (5): 1600 – 1606.

[133] ARORA B, MOHANTY B P, MCGUIRE J T. Inverse estimation of parameters for multidomain flow models in soil columns with different macropore densities [J]. Water Resources Research, 2011, 47 (4): 1 – 17.

[134] GERMER K, BRAUN J. Macropore-matrix water flow interaction around a vertical macropore embedded in fine sand-laboratory investigations [J]. Vadose Zone Journal, 2015, 14 (7): 1 – 15.

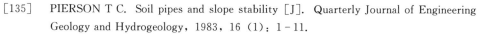

[135] PIERSON T C. Soil pipes and slope stability [J]. Quarterly Journal of Engineering Geology and Hydrogeology，1983，16（1）：1-11.

[136] SIDLE R C，KITAHARA H，TERAJIMA T，et al. Experimental studies on the effects of pipeflow on throughflow partitioning [J]. Journal of Hydrology，1995，165：207-219.

[137] KOSUGI K，UCHIDA T，MIZUYAMA T. Numerical calculation of soil pipe flow and its effect on water dynamics in a slope [J]. Hydrological Processes，2004，18（4）：777-789.

[138] WILSON G V，CULLUM R F，ROMKENS M J M. Ephemeral gully erosion by preferential flow through a discontinuous soil-pipe [J]. Catena，2008，73（1）：98-106.

[139] HANSON G J，TEJRAL R D，HUNT S L，et al. Internal erosion and impact of erosion resistance [C] //Proceedings of 30th U. S. Society on Dams annual meeting and conference (CD-ROM). Sacramento：USSD，2010：773-784.

[140] WILSON G V. Understanding soil-pipe flow and its role in ephemeral gully erosion [J]. Hydrological Processes，2011，25：2354-2364.

[141] NIEBER J L，WILSON C V，FOX G A. Modeling internal erosion processes in soil pipes：capturing geometry dynamics [J]. Vadose Zone Journal，2019，18：1-13.

[142] RICHARDS L A. Capillary conduction of liquid s in porous mediums [J]. Physic，1931，1：318-333.

[143] LAPIDUS L，AMUNDSON N R. Mathematics of adsorption in beds. VI. The effect of longitudinal diffusion in ion exchange and chromatographic columns [J]. The Journal of Physical Chemistry，1952，56（8）：984-988.

[144] 徐宗恒，徐则民，曹军尉，等. 土壤优先流研究现状与发展趋势 [J]. 土壤，2012，44（6）：905-916.

[145] KOHNE J M，KOHNE S，SIMUNEK J. A review of model applications for structured soils：a) water flow and tracer transport [J]. Journal of Contaminant Hydrology，2009，104：4-35.

[146] SIMUNEK J，JARVIS N J，VAN GENUCHTEN M T H，et al. Review and comparison of models for describing non-equilibrium and preferential flow and transport in the vadose zone [J]. Journal of Hydrology，2003，272：14-35.

[147] ROSS P J，SMETTEM K R. A simple treatment of physical nonequilibrium water flow in soils [J]. Soil Science Society of America Journal，2000，64：1926-1930.

[148] PHILIP J R. The theory of absorption in aggregated media [J]. Australian Journal of Soil Research，1968，6：1-19.

[149] KOHNE J M，MOHANTY B，SIMUNEK J，et al. Numerical evaluation of a second-order water transfer term for variably saturated dual-permeability models [J]. Water Resources Research，2004，40（7）：1-14.

[150] GERMANN P F，BEVEN K. Kinematic wave approximation to infiltration into soils with sorbing macropores [J]. Water Resources Research，1985，21（7）：990-996.

[151] GERKE H H，VAN GENUCHTEN M T H. A dual-porosity model for simulating the preferential movement of water and solutes in structured porous media [J]. Water

Resources Research，1993，29：305 – 319.

[152]　AHUJA L R，HEBSON C. Root zone water quality model. GPSR technical report No. 2 [R]. Fort Collins：USDA，1992.

[153]　解雪峰，濮励杰，朱明，等. 土壤水盐运移模型研究进展及展望 [J]. 地理科学，2016，36 (10)：1565 – 1572.

[154]　AHUJA L R，ROJAS K W，HANSON J D，et al. The root zone water quality model [R]. Highlands Ranch：Water Resources Publications LLC，2000.

[155]　JARVIS N J. The MACRO model (Version 3. 1). Technical description and sample simulations [R]. Uppsala：Swedish University of Agricultural Sciences，1994.

[156]　SIMUNEK J，VAN GENUCHTEN M T H. Modeling nonequilibrium flow and transport processes using HYDRUS [J]. Vadose Zone Journal，2008，7 (2)：782 – 797.

[157]　赵丹丹，王志春. 土壤水盐运移 Hydrus 模型及其应用 [J]. 土壤与作物，2018，7 (2)：120 – 129.

[158]　HEALY R W. Simulating water，solute，and heat transport in the subsurface with the VS2DI software package [J]. Vadose Zone Journal，2008，7 (2)：632 – 639.

[159]　FLERCHINGER G N，CALDWELL T G，CHO J，et al. Simultaneous heat and water (SHAW) model：model use，calibration，and validation [J]. Transactions of the ASABE，2012，55 (4)：1395 – 1411.

[160]　PRUESS K. The TOUGH codes – A family of simulation tools for multiphase flow and transport processes in permeable media [J]. Vadose Zone Journal，2004，3：738 – 746.

[161]　LI Y，DONG Z Y，PAN D Z，et al. Effect of termites on soil pH and its application for termite control in Zhejiang Province，China [J]. Sociobiology，2017，64 (3)：317 – 326.

[162]　CAMMERAAT E L H，RISCH A C. The impact of ants on mineral soil properties and processes at different spatial scales [J]. Journal of Applied Entomology，2008，132 (4)：285 – 294.

[163]　ROBINSON J B D. Some chemical characteristics of 'termite soils' in Kenya coffee fields [J]. Journal of soil science，1958，9：58 – 65.

[164]　ARSHAD M A. Influence of the termite Macrotermes michaelseni (Sjöst) on soil fertility and vegetation in a semi-arid savannah ecosystem [J]. Agro-Ecosystems，1982，8：47 – 58.

[165]　BAGINE R K N. Soil translocation by termites of the genus Odontotermes (Holmgren) (Isoptera：Macrotermitinae) in an arid area of Northern Kenya [J]. Oecologia，1984，64：263 – 266.

[166]　ARSHAD M A，SCHNITZER M，PRESTON C M. Characterization of humic acids from the termite mounds and surrounding soils，Kenya [J]. Geoderma，1988，42：213 – 225.

[167]　WATSON J P. The soil below a termite mound [J]. Journal of Soil Science，1962，13：46 – 51.

[168]　WATSON J P. Water movement in two termite mounds in Rhodesia [J]. The Journal of Ecology，1969，57：441 – 451.

[169]　WATSON J P. Some observations on the water relations of mounds of Macrotermes

natalensis （Haviland） fuller ［J］. Insectes Sociaux, Paris, 1972, XIX: 87 – 93.

［170］ WATSON J P. The use of mounds of the termite Macrotermes falciger （gerstcker） as a soil amendment ［J］. European Journal of Soil Science, 1977, 28: 664 – 72.

［171］ MUVENGWI J, MBIBA M, NYENDA T. Termite mounds may not be foraging hotspots for mega-herbivores in a nutrient-rich matrix ［J］. Journal of Tropical Ecology, 2013, 29: 551 – 558.

［172］ NYE P H. Some soil forming processes in the humid tropics IV The action of soil fauna ［J］. Journal of Soil Science, 1955, 6: 73 – 83.

［173］ MALAKA S L O. A study of the chemistry and hydraulic conductivity of mound materials and soils from different habitats of some Nigerian termites ［J］. Australian Journal of Soil Research, 1977, 15: 87 – 91.

［174］ WOOD T G, JOHNSON R A, ANDERSON J M. Modification of soils in Nigerian savanna by soil-feeding Cubitermes （isoptera, termitidae） ［J］. Soil Biology and Biochemistry, 1983, 15: 575 – 579.

［175］ AKAMIGBO F. The role of the Nasute termites in the genesis and fertility of Nigerian soils ［J］. Pedologie, 1984, 36: 79 – 89.

［176］ ANDERSON J M, WOOD T G. Mound composition and soil modification by two soil-feeding termites （Termitinae, Termitidae） in a riparian Nigerian forest ［J］. Pedobiologia, 1984, 26: 77 – 82.

［177］ EZENWA M I S. Comparative study of some chemical characteristics of mound materials and surrounding soils of different habitats of two termite species in Nigerian savanna ［J］. Geo – Eco – Trop, 1985, 9: 29 – 38.

［178］ ASAWALAM D O, OSODEKE V E, KAMALU O J, et al. Effects of termites on the physical and chemical properties of the acid sandy soils of southern Nigeria ［J］. Communications in Soil Science and Plant Analysis, 1999, 30: 1691 – 1696.

［179］ ABE S S, WAKATSUKI T. Possible influence of termites （Macrotermes bellicosus） on forms and composition of free sesquioxides in tropical soils ［J］. Pedobiologia, 2010, 53: 301 – 306.

［180］ AFOLABI S G, EZENWA M I S, DAUDA A. Physical and chemical characteristics of mound materials and surrounding soils ［J］. PAT, 2014, 10: 186 – 192.

［181］ EHIGIATOR J O, OKUNIMA E D, EDOSA V I, et al. Use of termite mounds as an index of soil fertility and their effects on some properties of an environmentally degraded ultisols ［J］. Journal of Food Agriculture and Environment, 2015, 13: 44 – 146.

［182］ GARNIER – SILLAM E, HARRY M. Distribution of humic compounds in mounds of some soil-feeding termite species of tropical rainforests: its influence on soil structure stability ［J］. Insectes Sociaux, 1995, 42: 167 – 185.

［183］ MUJINYA B B, VAN RANST E, VERDOODT A, et al. Termite bioturbation effects on electro-chemical properties of Ferralsols in the Upper Katanga （D. R. Congo） ［J］. Geoderma, 2010, 158: 233 – 241.

［184］ MUJINYA B B, MEES F, BOECKX P, et al. The origin of carbonates in termite mounds of the Lubumbashi area D. R. Congo ［J］. Geoderma, 2011, 165: 95 – 105.

141

[185] ERENS H, MUJINYA B B, MEES F, et al. The origin and implications of variations in soil-related properties within Macrotermes falciger mounds [J]. Geoderma, 2015：249 – 250, 40 – 50.

[186] OKWAKOL M J N. Effects of Cubitermes testacus (Williams) on some physical and chemical properties of soil in a grassland area of Uganda [J]. African Journal of Ecology, 1987, 25：147 – 153.

[187] MAHANEY W C, ZIPPIN J, MILNER M W, et al. Chemistry mineralogy and microbiology of termite mound soil eaten by the chimpanzees of the Mahale Mountains, Western Tanzania [J]. Journal of Tropical Ecology, 1999, 15：565 – 588.

[188] KETCH L A, MALLOCH D, MAHANEY W C, et al. Comparative microbial analysis and clay mineralogy of soils eaten by chimpanzees (Pan Troglodytes Schweinfurthii) in Tanzania [J]. Soil Biology and Biochemistry, 2001, 33：199 – 203.

[189] DONOVAN S E, EGGLETON P, DUBBIN W E, et al. The effect of a soil-feeding termite, Cubitermes fungifaber (Isoptera：Termitidae) on soil properties：termites may be an important source of soil microhabitat heterogeneity in tropical forests [J]. Pedobiologia, 2001, 45：1 – 11.

[190] JOUQUET P, TESSIER D, LEPAGE M. The soil structural stability of termite nests：role of clays in Macrotermes bellicosus (Isoptera, Macrotermitinae) mound soils [J]. European Journal of Soil Biology, 2004, 40：23 – 29.

[191] ROOSE – AMSALEG C, BRYGOO Y, HARRY M. Ascomycete diversity in soil-feeding termite nests and soils from a tropical rainforest [J]. Environmental Microbiology, 2004, 6 (5)：462 – 469.

[192] ROOSE – AMSALEG C, MORA P, HARRY M. Physical, chemical and phosphatase activities characteristics in soil-feeding termite nests and tropical rainforest soils [J]. Soil Biology and Biochemistry, 2005, 37：1910 – 1917.

[193] JOUQUET P, RANJARD L, LEPAGE M, et al. Incidence of fungus-growing termites (Isoptera, Macrotermitinae) on the structure of soil microbial communities [J]. Soil Biology and Biochemistry, 2005, 37：1852 – 1859.

[194] BROSSARD M, LóPEZ – HERNáNDEZ D, LEPAGE M, et al. Nutrient storage in soils and nests of mound-building Trinervitermes termites in Central Burkina Faso：consequences for soil fertility [J]. Biology and Fertility of Soils, 2007, 43 (4)：437 – 447.

[195] DEBELO D G, DEGAGA E G. Studies on Ecology of mound-building termites in the Central rift valley of Ethiopia [J]. International Journal of Agricultural Sciences, 2014, 4 (12)：326 – 333.

[196] GOSLING C M, CROMSIGT J P G M, MPANZA N, et al. Effects of erosion from mounds of different termite genera on distinct functional grassland types in an African savannah [J]. Ecosystems, 2012, 15：128 – 139.

[197] SALICK J, HERRERA R, JORDAN C F. Termitaria：nutrient patchiness in nutrient deficient rain forests [J]. Biotropica, 1983, 15 (1)：1 – 7.

[198] LOPEZ-HERNANDEZ D, FEBRES A. Changements chimiques et granulométriques produits dans des sols de Côte d'Ivoire par la présence de trois espèces de Termites

[J]. Revue d'Ecologie et de Biologie du Sol, 1984, 21: 477 – 489.

[199]　LOPEZ-HERNANDEZ D. Nutrient dynamics (C, N and P) in termite mounds of Nasutitermes ephratae from savannas of the Orinoco Llanos (Venezuela) [J]. Soil Biology and Biochemistry, 2001, 33: 747 – 753.

[200]　NUTTING W L, HAVERTY M I, LA FAGE J P. Physical and chemical alteration of soil by two subterranean termite species in Sonoran Desert grassland [J]. Journal of Arid Environments, 1987, 12: 233 – 239.

[201]　FAGERIA N K, BALIGAR V C. Properties of termite mound soils and responses of rice and bean to Nitrogen, Phosphorus, and Potassium fertilization on such soil [J]. Communications in Soil Science and Plant Analysis, 2004, 35 (15 – 16): 2097 – 2109.

[202]　KASCHUK G, SANTOS J C P, ALMEIDA J A, et al. Termite activity in relation to natural grassland soil attributes [J]. Scientia Agricola, 2006, 63 (6): 583 – 588.

[203]　ACKERMAN I L, TEIXEIRA W G, RIHA S J, et al. The impact of mound-building termites on surface soil properties in a secondary forest of Central Amazonia [J]. Applied Soil Ecology, 2007, 37 (3): 267 – 276.

[204]　SARCINELLI T S, SCHAEFER C E, LYNCH L D S, et al. Chemical, physical and micromorphological properties of termite mounds and adjacent soils along a toposequence in Zona da Mata, Minas Gerais State, Brazil [J]. Catena, 2009, 76: 107 – 113.

[205]　PARK H C, MAJER J D, HOBBS R J. Contribution of the Western Australian wheatbelt termite, Drepanotermes tamminensis (Hill), to the soil nutrient budget [J]. Ecological Research, 1994, 9: 351 – 356.

[206]　LEE K E, WOOD T G. Physical and chemical effects on soils of some Australian termites and their pedological significance [J]. Pedobiologia, 1971, 11: 376 – 409.

[207]　OKELLO-OLOYA T, SPAIN A V, JOHN R D. Selected chemical characteristics of the mounds of two species of Amitermes (Isoptera, Termitinae) and their adjacent surface soils from north eastern Australia [J]. Revue d'Ecologie et de Biologie du Sol, 1985, 22 (3): 291 – 311.

[208]　SAMRA J S, TANDON P L, THAKUR R S, et al. Comparison of physic-chemical characteristics of the soils of termite galleries and the surrounding soil in mango orchards [J]. Indian Journal of Agricultural Sciences, 1979, 49: 892 – 895.

[209]　GUPTA S R, RAJVANSHI R, SINGH J S. The role of the termite Odontotermes gurdaspurensis (Isoptera: Termitidae) in plant decomposition in a tropical grassland [J]. Pedobiologia, 1981, 22: 254 – 261.

[210]　RAO A N, SRAVANTHY C H, SAMMAIAH C H. Diversity and density of termite mounds in Bhadrachalam forest region, Andhra Pradesh [J]. The BioScan, 2013, 8 (1): 1 – 10.

[211]　JOUQUET P, GUILLEUX N, CANER L, et al. Influence of soil pedological properties on termite mound stability [J]. Geoderma, 2016, 262: 45 – 51.

[212]　GHOLAMI A, RIAZI F. Impact of termite activity on physical and chemical properties [J]. Journal of Basic and Applied Scientific Research, 2012, 2 (6): 5581 – 5582.

[213]　SHEIKH K H, KAYANI S A. Termite-affected soils in Pakistan [J]. Soil Biol

Biochem，1982，14：359 – 364.

[214] 宋晓钢. 浙江等翅目昆虫（白蚁）考察 [J]. 浙江林学院学报，2002，19 (3)：288 – 291.

[215] 韩曾萃，戴泽衡，李光炳. 钱塘江河口治理开发 [M]. 北京：中国水利水电出版社，2003.

[216] WARRICK A W. Models for disc infiltrometers [J]. Water Resources Research，1992，28 (5)：1319 – 1327.

[217] QUADRI M B，CLOTHIER B E，ANGULO-JARAMILLO R，et al. Axisymmetric transport of water and solute underneath a disk permeameter：experiments and numerical model [J]. Soil Science Society of America Journal，1994，58：696 – 703.

[218] BEAR J. Dynamics of Fluid in Porous Media [M]. New York：Elsevier，1972.

[219] VAN GENUCHTEN M T. A closed-form equation for predicting the hydraulic conductivity of unsaturated soils [J]. Soil Science Society of America Journal，1980，44：892 – 898.

[220] SCHAAP M G，LEIJI F J，VAN GENUCHTEN M T. Rosetta：a computer program for estimating soil hydraulic parameters with hierarchical pedotransfer function [J]. Journal of Hydrology，2001，251：163 – 176.

[221] NIEBER J L，SIDLE R C. How do disconnected macropores in sloping soils facilitate preferential flow? [J]. Hydrological Processes，2010，24：1582 – 1594.

[222] ROWE R K，BADV K. Advective-Diffusive contaminant migration in unsaturated sand and gravel [J]. Journal of Geotechnical Engineering，1996，122 (12)：965.

[223] GELHAR L W. Stochastic subsurface hydrology [M]. Upper Saddle River：Prentice-Hall，1993.

[224] SCHULZE-MAKUCH D. Longitudinal dispersivity data and implications for scaling behavior [J]. Ground Water，2005，43 (3)：443 – 456.

[225] NASH J E，SUTCLIFFE J V. River flow forecasting through conceptual models [J]. Journal of Hydrology，1970，10 (3)：282 – 290.

[226] LI Y，DONG Z Y，PAN D Z，PAN C H. Effects of subterranean termite nest architectures on earth embankment seepage and stability [J]. Paddy and Water Environment，2020，18：367 – 384.

[227] SIMUNEK J，VAN GENUCHTEN MT，SEJNA M. The HYDRUS software package for simulating two-and three dimensional movement of water，heat，and multiple solutes in variably-saturated porous media [R]. Prague：PC Progress，2012.

[228] 杨位洸. 地基及基础 [M]. 北京：中国建材工业出版社，1998.

[229] VOROGUSHYN S，MERZ B，APEL H. Development of dike fragility curves for piping and micro-instability breach mechanisms [J]. Natural Hazards and Earth System Sciences，2009，9：1383 – 1401.

[230] HONJO Y，MORI H，ISHIHARA M，et al. On the inspection of river levee safety in Japan by MLIT [M] //SCHWECKENDIEK T，VAN TOL A F，PEREBOOM D，et al. Geotechnical safety and risk V. Amsterdam：IOS Press，2015：873 – 878.

[231] SCHIERECK G J. Introduction to bed，bank and shore protection [M]. London：Spon

Press，2004.

[232] LI Y，PAN D Z. A Simulation of Salt Transport in NaCl-Laden Soil Barrier to Control Subterranean Termites in an Earth Embankment [J]. Water，2021，13，1204.

[233] 中华人民共和国国家发展和改革委员会. 碾压式土石坝设计规范：DL/T 5395—2007 [S]. 北京：中国电力出版社，2008.

[234] 陈式华，沈水进，陈来华，等. 防渗土体掺盐后工程特性试验 [J]. 水利水电科技进展，2015，35（3）：66－70，118.

[235] SINGHA K，GORELICK S M. Saline tracer visualized with three-dimensional electrical resistivity tomography：field-scale spatial moment analysis [J]. Water Resources Research，2005，41：1－17.

[236] LI Y，PAN D Z. Barrier longevity of NaCl-laden soil against subterranean termites in an earth embankment [J]. Sustainability，2021，13：13360.

[237] 中华人民共和国水利部. 堤防工程设计规范：GB 50286—2013 [S]. 北京：中国计划出版社，2013.

[238] CIRIA，Ministry of Ecology，USACE. The international levee handbook [M]. London：CIRIA，2013.